职业教育计算机类专业"互联网+"新形态教材

移动应用软件 UI 设计

主　编　范云龙　王　婷
副主编　叶　辉　陈　建　戈婷婷
参　编　葛荣光　彭蒙恩　林栋超　翟艳丽

机 械 工 业 出 版 社

本书是一本关于移动应用软件 UI 设计的工作指南，通过 13 个真实的设计任务，系统地介绍了移动 UI 设计的方法、规范及实践应用。书中以真实项目为主线，详细描述了移动应用软件 UI 设计师的工作情景，同时提供了软件操作知识的深入解说。全书共 5 个学习单元，涵盖了设计准备、原型图绘制、UI 图标设计、Banner 和控件设计以及应用界面设计。通过对本书的学习，学生不仅能够学到软件操作的专业知识，还能够提升与客户沟通、团队合作等职业素养。通过实战强化的环节，学生能够将所学知识应用于实际项目中，从而加深对移动 UI 设计领域的理解和掌握。

本书适合作为各类职业学校移动应用开发及相关专业的教材，也适合作为对移动 UI 设计感兴趣的读者的自学参考书。无论是对于正在寻求专业技能提升的设计师，还是对于想要了解移动 UI 设计领域的新手，本书都将是一本不可或缺的参考书。

本书配有电子课件、素材、源文件，选用本书作为授课教材的教师可登录机械工业出版社教育服务网（www.cmpedu.com）注册后免费下载，或联系编辑（010-88379194）咨询。

图书在版编目（CIP）数据

移动应用软件 UI 设计 / 范云龙，王婷主编． -- 北京：机械工业出版社，2025．4． --（职业教育计算机类专业"互联网+"新形态教材）． -- ISBN 978-7-111-77879-0

Ⅰ．TN929.53

中国国家版本馆 CIP 数据核字第 2025JK7272 号

机械工业出版社（北京市百万庄大街 22 号　邮政编码 100037）
策划编辑：李绍坤　　　　　责任编辑：李绍坤　徐梦然
责任校对：郑　婕　李　婷　封面设计：马精明
责任印制：张　博
北京建宏印刷有限公司印刷
2025 年 4 月第 1 版第 1 次印刷
184mm×260mm・10.75 印张・220 千字
标准书号：ISBN 978-7-111-77879-0
定价：49.50 元

电话服务　　　　　　　　　网络服务
客服电话：010-88361066　　机　工　官　网：www.cmpbook.com
　　　　　010-88379833　　机　工　官　博：weibo.com/cmp1952
　　　　　010-68326294　　金　书　网：www.golden-book.com
封底无防伪标均为盗版　　　机工教育服务网：www.cmpedu.com

前　言

　　UI 设计，全称为 User Interface 设计，涵盖了用户研究、交互设计、界面设计三大核心领域。出色的 UI 设计不仅赋予软件独特的个性和品位，更重要的是，它使软件的操作变得流畅、简洁、易用，并充分展现出软件的定位和特点。如今，UI 设计行业在全球软件业中正蓬勃发展，成为备受瞩目的高新技术设计产业。在我国，越来越多的大型 IT 企业纷纷成立专业的 UI 设计部门，但具备专业素质的 UI 设计师仍然稀缺，人才市场竞争激烈。

　　为了帮助学生准备好应对 UI 设计相关岗位的挑战，本书集结了长期从事 UI 设计教学的一线教师和专业 UI 设计师，共同参与编写。本书旨在使学生了解 UI 设计行业的发展趋势与前沿信息，熟悉 UI 设计师的职责与技能；通过实践操作，体验 UI 设计的基本流程，真实再现视觉设计师的工作情境，使学生明白 UI 设计的实际过程和具体实施步骤，掌握与客户沟通的技巧，达到自主完成中小型 UI 设计项目的水平。同时，通过小组合作项目，培养学生良好的团队合作精神。

　　UI 设计作为一门创意性学科，需要不断汲取传统文化的营养，将其融入课程中可以培养学生的文化自信和传承意识。本书在讲解 UI 设计中的环保、公益等主题时，引导学生关注社会问题，树立环保意识和公益意识，积极为社会做出贡献。此外，在教学过程中，注重引导学生遵守职业道德规范，树立正确的价值观和职业观。

　　本书精选了真实的 UI 设计项目，按照"任务描述——任务实施——必备知识——任务拓展——实战强化"的思路进行编排。每个项目的描述简洁而全面，具体操作步骤描述清晰明了、重点突出。此外，本书还附带了所有项目的素材及效果文件，并附有所有项目的操作视频，方便教师教学以及学生自学。

　　全书内容参照下表：

学习单元	任务名称
学习单元 1　设计准备	任务 1　用户需求分析 任务 2　产品设计开发流程
学习单元 2　原型图绘制	任务 1　企业级登录界面原型图 任务 2　"排排美食 APP"原型图绘制
学习单元 3　UI 图标设计	任务 1　"摄影美图"图标设计 任务 2　"酷我回声"图标设计 任务 3　"平安好医生"动态图标设计
学习单元 4　Banner 和控件设计	任务 1　端午节活动 Banner 设计 任务 2　美食天下 Banner 动效设计 任务 3　文学阅读 APP 加载动效设计
学习单元 5　应用界面设计	任务 1　植树节背景插图及天气界面设计 任务 2　购物 APP 界面设计 任务 3　音乐播放器 APP 界面设计

本书由珠海市理工职业技术学校的范云龙和珠海市第一中等职业学校的王婷担任主编，负责全书的结构设计，并撰写了学习单元2和学习单元1、3、4的部分内容。珠海市理工职业技术学校的叶辉、佛山市顺德区勒流职业技术学校的陈建和中山市中等专业学校的戈婷婷担任副主编，负责撰写学习单元3、4部分内容和学习单元5。此外，中山市第一中等职业技术学校的葛荣光、珠海市第一中等职业学校的彭蒙恩、林栋超和翟艳丽也参与了本书的编写工作，他们撰写了学习单元1的部分内容，并提供了日常教学课程的案例内容。深圳爻象文化传播有限公司为本书的编写提供了大量真实的设计项目，在此，我们对所有参与编写本书的人员表示衷心感谢，感谢他们为本书的出版所付出的辛勤劳动和不懈努力。

尽管我们在编写本书时已力求准确完整，但仍可能存在疏漏之处，敬请广大读者批评指正。

编 者

目　录

前言

课前导学 ·· 1

学习单元 1　设计准备 ··· 5
任务 1　用户需求分析 ·· 6
任务 2　产品设计开发流程 ··· 11
单元小结 ·· 17

学习单元 2　原型图绘制 ··· 19
任务 1　企业级登录界面原型图 ··· 20
任务 2　"排排美食 APP"原型图绘制 ·· 27
单元小结 ·· 40

学习单元 3　UI 图标设计 ·· 41
任务 1　"摄影美图"图标设计 ·· 42
任务 2　"酷我回声"图标设计 ·· 50
任务 3　"平安好医生"动态图标设计 ··· 71
单元小结 ·· 83

学习单元 4　Banner 和控件设计 ·· 85
任务 1　端午节活动 Banner 设计 ··· 86
任务 2　美食天下 Banner 动效设计 ·· 99
任务 3　文学阅读 APP 加载动效设计 ·· 110
单元小结 ··· 115

学习单元 5　应用界面设计 ··· 117
任务 1　植树节背景插图及天气界面设计 ··· 118
任务 2　购物 APP 界面设计 ·· 131
任务 3　音乐播放器 APP 界面设计 ··· 142
单元小结 ··· 164

参考文献 ··· 165

课前导学

  E-design 公司为 iPad、iPhone、Titanium、Android、RoR 和 WordPress 平台提供定制应用开发服务，并通过专注于在规定的时间内交付应用程序来建立客户的信任。E-design 公司是一家专业能力十分突出的公司，提供端到端的软件开发解决方案和服务，拥有经验丰富的专家团队来开发本地移动应用程序、跨平台应用程序、开源 CMS、Salesforce 和移动游戏，以及 QA 和数字品牌服务。公司拥有一支由 50 多名专业人员组成的团队，为不同的平台开发应用程序，如 Android、iOS、黑莓和其他平台。

  E-design 设计公司对设计部新报到的实习生进行 UI 设计的岗前培训，要求他们了解自己职位的要求，并理解常规性互联网产品项目流程是如何进行的。

一、UI 设计相关职位介绍

  设计部门是一个组织架构清晰的部门，其主要职责是负责产品的用户界面设计和用户体验优化。部门中包含以下岗位：部门负责人、UI 设计师、交互设计师、视觉设计师、前端开发工程师和测试工程师。

  部门负责人：负责整个部门的运营管理和项目协调，同时也负责与其他部门的沟通和协作。

  UI 设计师：UI 设计部门中最核心的人员，负责根据产品需求和用户需求进行界面设计和用户体验优化。

  交互设计师：负责根据产品需求和用户需求，设计用户界面的交互逻辑和操作流程，以及实现用户界面的动态效果。

  视觉设计师：负责根据产品需求和品牌形象，设计用户界面的整体风格和视觉效果。

  前端开发工程师：负责将 UI 设计师和交互设计师设计好的界面效果转化为前端代码，并保证界面在不同浏览器和设备上的兼容性和响应式布局。

测试工程师：负责对设计师设计好的界面进行功能测试、兼容性测试和用户体验测试，以确保界面的质量和稳定性。

二、UI 设计师常用设计软件

UI 设计师常用的设计软件有很多，以下是一些常见的选择，如图 1-1-1 所示。

图 0-1-1　常用设计软件

　　Photoshop：主要用于图像编辑和设计，适合进行界面、图标和 APP Icon 的设计，以及静态视觉效果的处理。

　　Illustrator：主要用于矢量图形和插图的绘制，可以完成一些简单的图像编辑，并且其纯矢量的特性使得它在设计功能型 Icon 时非常方便。

　　Experience Design（XD）：主要用于用户体验设计和原型创建，更多地用于 UI 交互设计。

　　Sketch：这是一款适用于所有设计师的矢量绘图应用软件，主要用于界面设计，并且可以与 Principle 无缝对接，以制作动态效果设计。

　　Figma：这是一款非常流行的在线协作 UI 设计软件，其内置了丰富的组件库和样式库，方便设计师进行快速设计和协作。

　　After Effects：主要用于制作交互动画以及实现特殊效果。

三、UI 设计师岗位职责

对于初级 UI 设计师来说，能够完成各种类型的界面设计是最基本的岗位要求。UI 设计师日常工作通常包括：移动端界面设计（基于 iOS 和 Android 两个操作系统），小程序界面设计，H5 页面设计，网页设计，后台界面设计，大屏幕数据展示界面、电商界面、运营活动相关页面设计，图标设计，界面视觉设计，切图标注，基础的信息架构图、流程图、原型图、动效设计，其他相关的线下物料宣发设计等。

UI 设计师岗位职责包括：

1）参与相关产品的 UI 设计，参与制定产品整体 UI 风格，保证产品的品质。
2）与产品负责人一起构思与创意，灵活提供视觉解决方案。
3）负责产品周边延展物料的创意设计工作。

四、UI 设计师工作内容

UI 设计师的工作内容极为丰富且多元化，涵盖了从数字界面设计到线下物料宣发的全方位创意与执行。具体而言，UI 设计师的日常工作包括但不限于以下几个方面：

1）移动端界面设计：基于 iOS 和 Android 两大主流操作系统，设计符合各自平台风格指南和用户习惯的应用界面。这包括但不限于界面布局、色彩搭配、图标设计以及交互元素的精细打磨，旨在提升用户体验和应用的吸引力。

2）小程序界面设计：针对微信、支付宝等平台上的小程序，设计简洁、直观且高效的界面。通过合理的信息架构和视觉设计，引导用户快速完成操作，提升小程序的使用率和用户满意度。

3）H5 页面设计：设计跨平台的 H5 页面，确保其在不同设备和浏览器上都能良好展现。注重页面的响应式布局、加载速度和用户交互体验，为品牌传播、活动推广等提供强有力的支持。

4）网页设计：包括企业官网、产品展示页、新闻资讯页等网站页面的设计。注重页面的整体风格、色彩搭配和信息架构，确保网站内容的可读性和易用性，同时提升品牌形象和用户黏性。

5）后台界面设计：为管理员或内部员工设计高效、易用的后台管理界面。通过合理的布局、清晰的操作流程和视觉设计，帮助用户快速完成复杂的数据处理和管理任务。

6）大屏幕数据展示界面设计：设计用于大屏幕展示的数据可视化界面，如会议室、展览厅等场所。通过直观的数据图表、动画效果和交互设计，吸引观众注意力并有效传达关键信息。

7）电商界面与运营活动页面设计：为电商平台和各类运营活动设计吸引人的促销页面和购物流程。注重商品的展示方式、购买路径的流畅性以及促销信息的突出显示，提升用户购买意愿和转化率。

8）图标设计与界面视觉设计：设计符合品牌形象和用户体验要求的图标库，并制定界面视觉设计规范。确保所有设计元素在风格、色彩、字体等方面保持一致性，提升整体设计品质和用户体验。

9）切图标注与文档制作：完成设计稿的切图标注工作，并制作相关的设计文档（如信息架构图、流程图、原型图等）。这些文档有助于开发团队准确理解设计意图并实现设计效果。

10）动效设计：为界面添加适当的动效元素，如按钮单击反馈、页面过渡动画等。通过动效设计增强界面的交互感和用户体验，使界面更加生动有趣。

11）线下物料宣发设计：除了数字界面设计外，UI设计师还负责设计相关的线下宣传物料，如海报、传单、展板等，确保品牌形象在各类宣传渠道中保持一致性和吸引力。

学习单元 1

设计准备

单元概述

在移动应用软件日益普及的今天,优秀的界面设计不仅能够提升用户体验,更是软件成功推广和持续发展的重要保障。因此,设计准备阶段的工作至关重要。

本单元将首先介绍移动应用软件界面设计的基本概念和原则,帮助读者建立起对界面设计的初步认识。随后,将深入探讨设计前的市场调研与用户分析,包括目标用户群体的确定、用户需求的挖掘以及竞争对手的分析等,为设计提供有力的数据支持。此外,本单元还将涉及设计工具的选择与使用,为后续的界面设计打下坚实的基础。

通过本单元的学习,读者将能够掌握移动应用软件界面设计的基本知识和技能,为后续的设计实践做好充分的准备。希望通过本单元的引导,使读者能够在设计准备阶段就做到心中有数、手中有策,为打造出色的移动应用软件界面奠定坚实的基础。

学习目标

1)掌握移动应用软件界面设计的基本概念、原则和核心要素,对界面设计形成全面而深入的认识。

2)理解市场调研和用户分析在界面设计中的重要性,能够熟练运用相关方法和工具进行市场调研,分析用户需求和市场趋势。

3)学会对目标用户群体进行细致划分,了解不同用户群体的需求和偏好,以便在设计中更好地满足用户需求。

4)掌握竞争对手分析的方法,能够分析竞争对手的优缺点,借鉴其成功经验,避免设计上的雷区。

5）熟悉常用的界面设计工具和技术，了解它们的特点和适用场景，能够根据实际情况选择合适的工具进行界面设计。

6）培养设计思维和创新意识，能够在设计准备阶段就充分考虑用户体验和美观性，为后续的界面设计提供有力支持。

任务1　用户需求分析

任务描述

甲方身份：鲜果农场产品在线购物平台运营方

项目背景与需求描述

随着人们对健康饮食的日益关注，农产品作为绿色、健康食品的代表，其市场需求日益增长。为了满足广大消费者对农产品的购买需求，××农产品在线购物平台应运而生。然而，在竞争激烈的市场环境中，一个直观、美观、易用的界面设计对于提升用户体验、促进销售至关重要。

因此，希望通过本项目，对平台的界面进行全面升级，以更好地展示农产品的特色与优势，提升用户的购物体验。

本项目期望能够打造出一个既美观又实用的在线购物平台界面，使得用户能够轻松找到所需的农产品，了解产品的详细信息，并顺利完成购买流程。同时，也希望通过优化界面设计，提升品牌形象，吸引更多潜在用户，进一步拓展市场份额。

任务实施

需求分析是产品或项目开发过程中的关键一环，它涉及深入了解和明确目标用户群体的具体需求、期望和偏好。通过有效的用户需求分析，企业可以开发出更符合市场需求的产品或服务，从而提升客户满意度，增强市场竞争力。

1．用户需求分析

用户需求分析在产品开发和设计过程中扮演着至关重要的角色。它帮助设计团队深入理解目标用户群体的期望、需求和行为模式，从而设计出更符合用户实际需求的产品。用户需求分析被视为产品设计的起点，强调了在产品设计之前挖掘用户的显性和隐性需求的重要性。

在用户研究中，定性研究常用于初步了解用户需求、态度和行为，提供深入的洞察和理解；而定量研究则更多地用于验证假设、量化用户行为和态度，以及为产品设计和决策提供数据支持。在实际应用中，研究人员通常会根据研究目标和资源条件，结合使用定性研究和定量研究,以获取更全面、准确的用户信息,如图1-1-1所示。

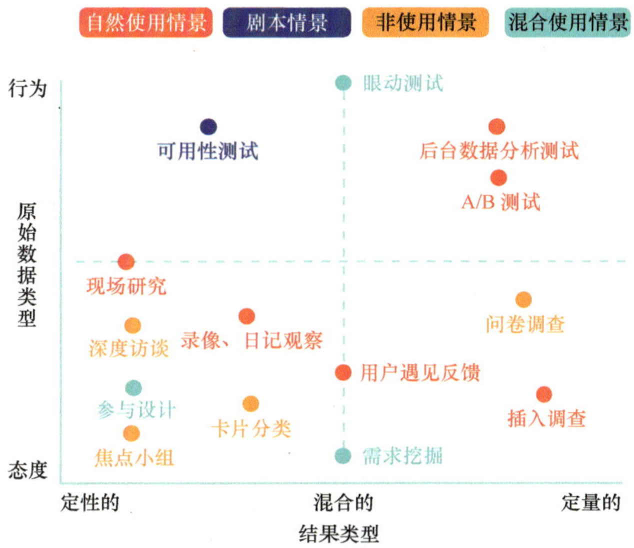

图1-1-1 用户研究

进行用户需求分析时,可以采用多种方法,具体如下。

1) 用户访谈:通过直接与用户对话,收集用户的反馈和建议。
2) 问卷调查:设计问卷,收集大量用户的数据和意见。
3) 用户观察:在自然环境中观察用户如何使用产品或服务。
4) 焦点小组:组织一小群用户讨论特定主题,收集深入见解。
5) 日志研究:分析用户在使用产品过程中产生的数据。

鲜果农场产品在线购物平台应重视用户对便利性和配送速度、品质和安全性、价格优惠、产品丰富度、品牌影响力、购物体验、市场规模与增长、多渠道融合和用户满意度的需求,以提升用户的消费体验和忠诚度,用户分析见表1-1-1。

表1-1-1 用户分析

用户需求点	描述
便利性和配送速度	年轻消费者群体,特别是80后和90后,期望快速配送服务
品质和安全性	用户关注产品的价格,同时非常重视产品质量和食品安全
价格优惠	用户偏好线上消费,因为优惠活动多且价格便宜
产品丰富度	用户期望平台提供多样化的产品选择,满足不同需求
品牌影响力	用户在购买时会考虑产地品牌,平台需强化与知名产地品牌的合作
购物体验	用户对网站或应用的易用性、搜索功能的准确性、支付流程的便捷性有较高要求
市场规模与增长	随着市场规模的增长,平台应把握趋势,扩大市场份额
多渠道融合	用户期望线上线下一体化的购物体验,平台应考虑多渠道融合
用户满意度	用户满意度是衡量平台成功的关键,需重视服务质量

2．竞品分析

竞品分析不仅涉及对竞争对手产品的界面设计、功能特点和用户体验的分析，还包括对市场定位、商业模式和战略的深入探讨。进行竞品分析时，应该关注以下几个方面。

1）竞品的市场表现：了解竞品在市场上的接受度和用户反馈。
2）竞品的核心功能：分析竞品的主要功能和特色，以及它们如何满足用户需求。
3）竞品的商业模式：研究竞品如何赢利，以及它们的运营策略。
4）竞品的用户体验：评估竞品的界面设计、交互流程和用户满意度。

通过全面的竞品分析，可以帮助设计团队发现市场机会，避免重复他人的错误，并在自己的产品中实现创新。

表1-1-2所示为竞品平台具体分析。

表1-1-2 竞品平台分析

平台名称	业务模式与特点
天猫芭芭农场	利用游戏化元素，通过签到、浏览、购物、分享等行为兑换水果，提高用户活跃度和黏性
拼多多	"农地云拼"模式，减少中间环节，提供低成本农产品，推动农产品网络零售发展
京东	除了基本的浏览和购物行为外，推广京东金融，寻求电商与金融服务的协同
洪九果品	专注于高端进口水果和高质量品类，端到端一体化供应链，全链条覆盖，提高市场竞争力
生鲜电商行业	整体市场规模大，线上零售占比升，年轻消费者注重便利性和配送速度，不同层级消费者的关注点不同

3．用户场景与用户体验地图

用户场景和用户体验地图是连接用户需求和产品设计的桥梁。它们帮助设计团队从用户的角度出发，理解用户在使用产品过程中的每一个接触点和体验。

用户体验地图（User Experience Map）是一种通过流程化、系统化的方式拆解产品问题，并将用户行为描述成故事的可视化工具，旨在站在用户视角，通过用户的阶段、目标、行为、触点去感受用户的想法、痛点及需求，从而发现及优化产品问题，如图1-1-2所示。

阶段	阶段1	阶段2	阶段3	阶段4	阶段5	阶段6
用户期望/目标						
行为						
想法						
情绪曲线						
痛点						
爽点						
感受						
体验						
机会点						

图1-1-2 用户体验地图

在实际应用中，可以通过以下步骤来构建用户体验地图，例如，鲜果农场用户体验地图见表 1-1-3。

1）确定用户角色：根据用户研究，定义不同的用户角色和他们的背景。

2）描述用户任务：明确用户在使用产品时需要完成的任务和目标。

3）绘制用户体验地图：通过用户体验地图展示用户从开始使用产品到完成任务的整个过程，包括他们的行为、想法和情绪变化。

4）识别痛点和机会点：在用户体验地图中标注用户体验中的痛点和改进机会。

通过这些步骤，设计团队可以更准确地理解用户需求，发现设计机会，并在产品中实现优化。

表 1-1-3　鲜果农场用户体验地图

阶段	用户行为	用户感受	想法与考虑	接触点
需求认知	意识到购买需求	好奇、期待	需要什么类型的鲜果	个人需求、市场广告、口碑推荐
信息搜索	寻找购买渠道	寻找、比较	哪个平台更合适	搜索引擎、社交媒体、朋友推荐
平台选择	比较不同平台	评估、决策	平台的信誉和价格	网站、应用、评价系统
网站访问	访问在线购物平台	第一印象形成	网站是否易于使用	网站设计、导航、加载速度
账户创建/登录	注册或登录账户	简便或挫败	流程是否简单快捷	注册表单、登录选项
浏览产品	查看鲜果种类和信息	兴趣增长或减少	产品是否符合需求	产品列表、图片、描述
产品选择	选择想要的鲜果	满意或犹豫	品质、价格、评价	产品详情页
加入购物车	将产品添加到购物车	确定、期待	是否需要更多商品	购物车界面、一键添加功能
结算过程	选择配送和支付方式	谨慎、关注细节	总价格和配送选项	结算页面、配送选择
支付	完成支付	放心或担忧	支付是否安全	支付网关、安全提示
订单确认	收到订单确认	安心、期待	订单是否正确	确认邮件、短信通知
等待配送	等待鲜果送达	焦急、好奇	配送是否准时	配送跟踪系统、客服沟通
收货	接收鲜果	满意或失望	鲜果品质如何	包装、配送服务、产品质量
售后服务	如需退换货或咨询	解决问题或挫败	服务是否及时有效	客服支持、退换货政策
评价与反馈	对购买体验打分	反思、分享	是否值得推荐	评价系统、反馈渠道
再次购买决策	考虑是否再次购买	忠诚或寻找替代品	整体体验满意度	个人考虑、口碑传播

4．需求验证

用户需求验证是确保产品或服务能够满足目标用户群体需求的过程。对于鲜果农场产品在线购物平台，可以通过以下方式进行用户需求验证。

1）市场调研：通过问卷调查、一对一访谈、焦点小组讨论等方式收集用户对鲜果在线购物平台的看法和需求。

2）用户画像：创建详细的用户画像，了解用户的性别、年龄、收入水平、购物习惯和偏好，以及他们对鲜果产品的具体需求。

3）竞品分析：分析竞争对手的优势和不足，了解市场上已有的鲜果购物平台如何满足用户需求，并找出差异化的切入点。

4）用户反馈：收集和分析用户在使用鲜果农场产品在线购物平台后的反馈，包括正面评价和投诉，以此来优化平台服务。

5）A/B 测试：对平台的不同功能或设计进行 A/B 测试，例如，不同的用户界面设计、搜索算法、推荐系统等，看哪种更能满足用户需求。

6）数据分析：利用数据分析工具监控用户在平台上的行为，如页面浏览、点击率、转化率等，以验证用户的真实需求。

7）原型测试：开发平台的原型或最小可行产品（MVP），并邀请目标用户群体进行测试，收集他们的使用体验和改进建议。

8）专家咨询：向行业专家或市场研究顾问咨询，获取他们对于鲜果农场产品在线购物平台用户需求的专业见解。

9）技术适应性：确保平台的技术架构能够适应用户需求的变化，如支持高并发访问、快速响应用户操作等。

10）法规遵从性：验证平台是否符合相关法律法规要求，如食品安全标准、消费者权益保护等，以增强用户信任。

11）实地考察：如果可能，实地考察农产品的生产和配送过程，确保鲜果的质量和供应链的可靠性，满足用户对高品质鲜果的需求。

12）跟踪行业趋势：持续关注生鲜电商行业的发展趋势和消费者行为变化，以便及时调整平台策略，满足新兴的市场需求。

必备知识

1．基本概念

1）用户中心设计（UCD）：用户中心设计是一种设计过程，它将用户放在产品开发过程的中心。UCD 的目标是创建易于使用、有效和令人愉悦的产品，以满足用户的需求。

2）用户体验（UX）：用户体验是指用户在使用产品或服务过程中的感受和印象。它包括用户的所有交互和感知，无论是有意识的还是无意识的。

3）用户需求：用户需求是指用户希望产品或服务能够解决的问题或满足的愿望。这些需求可以是功能性的、非功能性的，或者是情感性的。

2．定性研究

1）用户访谈：用户访谈是一种一对一的交流方式，通过直接对话来了解用户的想法、感受和行为。访谈可以是结构化的、半结构化的或非结构化的。

2）观察法：观察法涉及直接观察用户在自然环境中的行为，以便更好地理解他们的使用习惯和交互方式。这种方法可以揭示用户在实际使用中可能不会主动提及的问题。

3）焦点小组：焦点小组是一种集体讨论的形式，通常由3～30人组成，围绕特定的主题或产品进行讨论。这种方法可以产生丰富的见解和反馈，但可能受到群体动态的影响。

3. 定量研究

1）问卷调查：问卷调查是一种通过设计一系列问题来收集大量用户数据的方法。问卷可以是在线的或纸质的，旨在量化用户的行为和偏好。

2）A/B测试：A/B测试是一种比较两种设计方案（版本A和版本B）的方法，通过测量用户对每个版本的反应来确定哪个方案更有效。

3）网站和应用分析：使用工具（如Google Analytics）来分析用户在网站或应用上的行为数据，如页面浏览量、点击率、转化率等。

任务拓展

课后作业：用户需求分析实践

1）选择一个产品或服务：选择一个你熟悉的产品或服务，可以是一个现有的产品或一个你构思的新产品。该产品或服务应该有一定的用户群体，并且可以进行用户需求分析。

2）用户访谈准备：准备一份用户访谈指南，包括你想要了解的问题。问题应该围绕用户的基本信息、使用习惯、痛点、期望以及对你选择的产品或服务的看法等。

3）竞品分析：选择2～3个与你的产品或服务相似的竞品，进行简单的竞品分析。关注竞品的功能、用户体验、市场定位等方面，并思考这些因素如何影响用户需求。

任务2　产品设计开发流程

任务描述

旅行规划APP"漫游家"界面设计项目

随着旅游市场的蓬勃发展，旅行者对于便捷规划和组织旅行的需求日益增长。为了提供一个集旅行灵感、行程规划、资源整合于一体的解决方案，公司决定开发一款名为"漫游家"的旅行规划APP。该应用旨在帮助用户轻松规划完美旅程，管理旅行细节，并享受个性化的旅行体验。

任务实施

APP 产品设计开发流程是一个全面且细致的过程，它从需求分析起步，历经原型设计、设计评审、视觉设计以及设计验证等多个关键环节，最终达成设计规范的目标。图 1-2-1 所示为产品设计开发流程图。

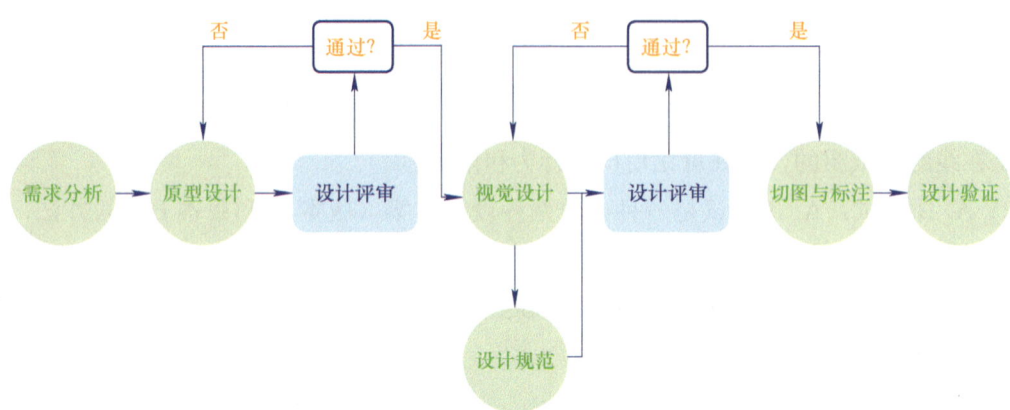

图 1-2-1 产品设计开发流程

1．项目启动

启动"漫游家"旅行规划 APP 界面项目时，关键在于明确项目方向并进行周密规划。项目启动的核心步骤涵盖从团队组建到监控和跟踪的全过程。首先，组建一个由项目经理、UI/UX 设计师、前后端开发人员和测试工程师组成的跨职能团队，并明确各成员的职责。接着，定义项目范围，确立 APP 的核心目标和功能需求，旨在解决用户的关键问题。项目计划的制订包括细化时间线和设定关键里程碑，如完成原型和发布测试版等。

2．用户研究

"漫游家"旅行规划 APP 用户研究揭示，用户期望通过简洁直观的界面快速获取旅行信息，并享受个性化的规划体验。他们重视行程的灵活性、目的地的多样性以及社交分享的功能。基于这些洞察不断优化 APP 功能与设计，以满足用户的旅行规划需求，见表 1-2-1。

表 1-2-1 用户研究

序号	研究领域	关键内容	研究目的
1	用户画像创建	目标群体、行为特征	了解用户的基本特征和旅游行为模式
2	用户需求分析	旅游目的、旅游计划	明确用户旅游的主要目的和计划制订过程
3	用户行为研究	平台使用、技术接受度	分析用户在平台上的行为和对新技术的接受度
4	用户偏好调查	旅游主题、旅游方式	调研用户偏好的旅游主题和方式
5	用户体验	服务期待、用户黏性	了解用户对服务的期待和提升用户黏性的方法
6	市场趋势	旅游市场复苏、旅游消费	关注市场复苏趋势和消费市场变化

(续)

序号	研究领域	关键内容	研究目的
7	竞争分析	竞品对比	研究竞争对手的产品特点和市场占有率
8	数据收集方法	定量研究、定性研究	收集用户信息和深入了解用户需求
9	用户反馈	收集反馈	通过各种渠道收集用户意见
10	法律合规性	隐私保护	确保用户研究过程中遵守隐私保护法规

3．需求收集与分析

收集来自客户、用户和团队成员的需求。

分析需求的可行性和优先级，见表1-2-2。

表1-2-2　需求分析

序号	功能分类	功能描述
1	旅行灵感	用户可以浏览热门目的地、旅行主题推荐、旅行博主的分享，以激发旅行灵感
2	行程规划	用户可以创建和编辑自己的旅行计划，包括添加目的地、活动、住宿和交通等
3	资源整合	用户可以一站式预订机票、酒店、租车服务等，并查找和预订当地的旅游活动和体验
4	预算管理	用户可以设置旅行预算，并在应用中跟踪实际支出
5	社交分享	用户可以分享自己的旅行计划和经历到社交媒体，或在APP内的社区中与其他旅行者交流

4．概念设计

"漫游家"旅行规划APP通过简洁直观的界面设计，为用户提供个性化的旅行规划体验。APP精心构建了包括首页、目的地推荐、行程规划、旅行攻略、社交分享和个人中心等主要界面的原型图，确保用户能够轻松操作并享受完美的旅行规划过程。未来，将根据用户反馈不断优化界面设计，为用户提供最佳的旅行规划体验，如图1-2-2所示。

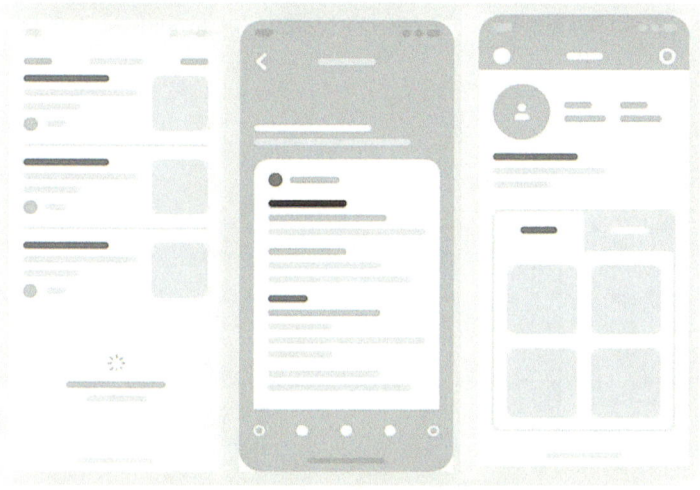

图1-2-2　产品概念设计

5．交互设计（UX Design）

交互设计是定义、设计人造系统的行为的设计领域，它关注的是用户与 APP 之间的交互方式和过程。交互设计的主要目的是提升 APP 的可用性和用户体验，使用户能够轻松、愉悦地完成操作任务，如图 1-2-3 所示。

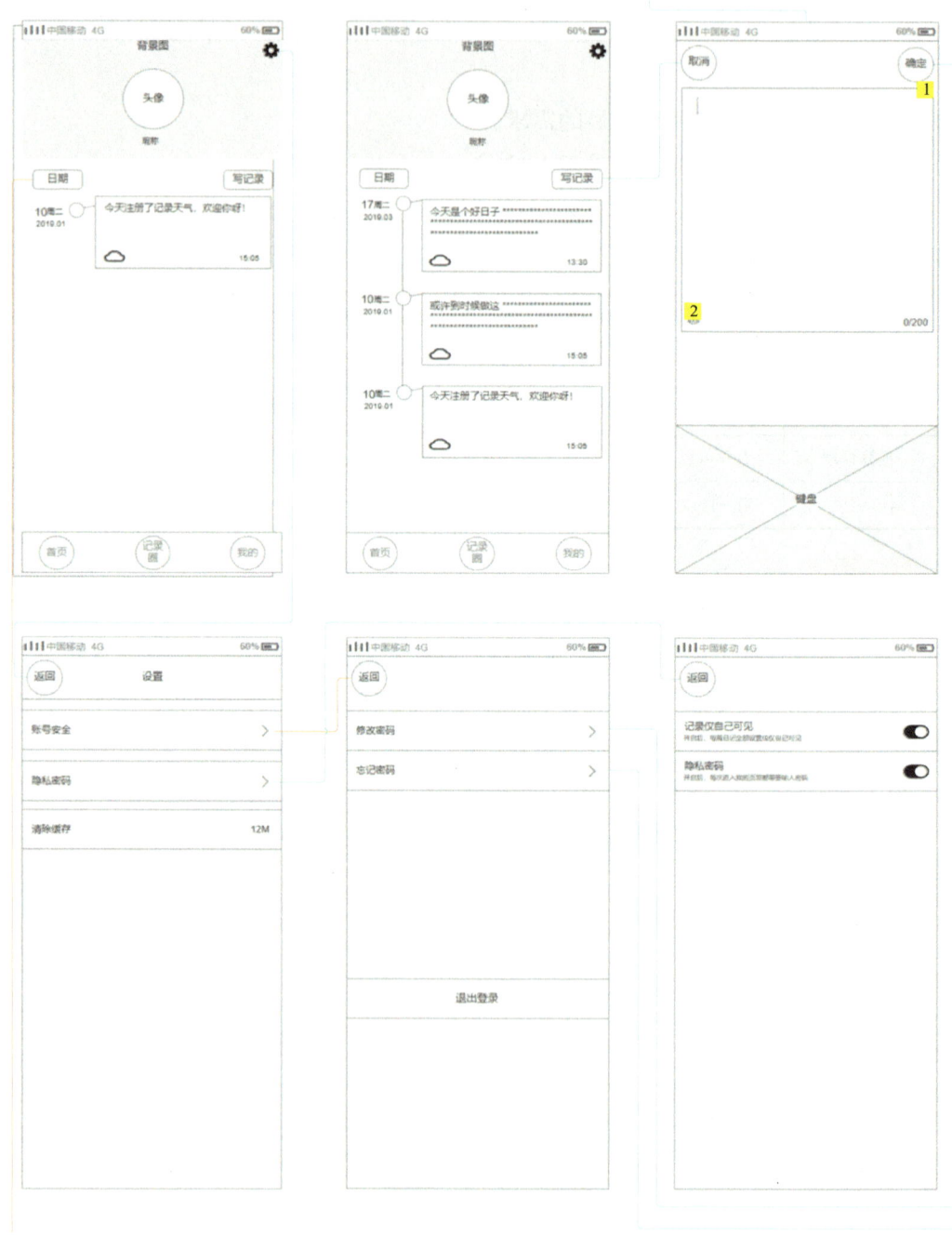

图 1-2-3　产品交互设计

6. 视觉设计（Visual Design）

移动端 APP 一般是由十几页到几十页不等的页面组成，其主要包括：引导页/闪屏、登录注册页面、首页、菜单导航、个人页、图片展示页、列表页、详情页、数据页、反馈页等，如图 1-2-4 所示。

图 1-2-4　产品视觉设计

7. 用户测试

"漫游家"旅行规划 APP 用户测试旨在评估该应用在旅行规划方面的可用性、用户体验和功能表现。测试的目的是发现并改进应用中可能存在的问题，以提供更好的用户满意度和服务质量。

在测试过程中，会招募一批具有代表性的真实用户，包括不同年龄段、职业背景和旅行经验的用户，以确保测试结果的广泛性和准确性。测试将涵盖应用的各项功能，如目的地搜索、行程规划、结伴旅行、用户互动等，以全面评估其性能表现。

8．设计交付

设计交付是指设计稿完成并交付给相关人员的阶段，通常发生在设计稿完成后，需要交由开发人员或其他执行者进行实现的时候。在设计交付的过程中，设计师需要将自己的设计想法转达给相关人员，确保他们能够理解并准确执行设计。

在完成"漫游家"旅行规划 APP 中的 UI 设计之后，对设计稿文件按照规范进行输出和命名，并且按照开发规范（见表 1-2-3）进行切图和标注，如图 1-2-5 所示。

表 1-2-3　开发规范

画板命名	模块（项目名）／一级分类／二级分类／状态	（项目名）／首页／搜索／input
控件命名	性质／模块／状态	（属性）bar/status bar/black
切图命名	模块＿名称＿状态	标签栏＿找课＿选中 @1x.png 动态＿评论＿默认 @1x.png 登录按钮＿单击 @2x.png

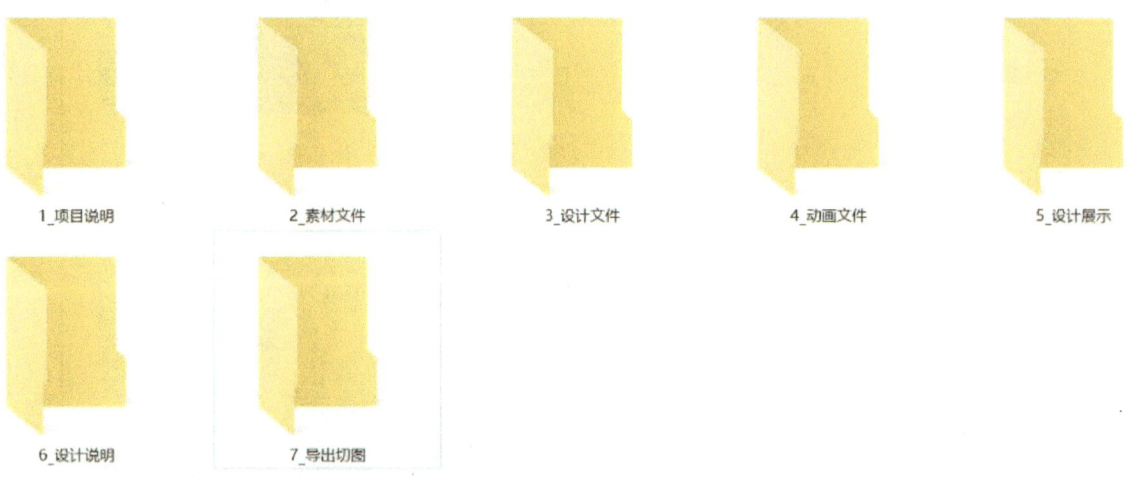

图 1-2-5　设计交付

必备知识

移动端操作系统：苹果的 iOS、谷歌的 Android、惠普的 WebOS、开源的 MeeGo 及微软 Windows，其中 Android 和 iOS 是现在市场上占额最大的两个系统。

逻辑像素：单位 pt，按照内容的尺寸计算的单位。iOS 开发工程师和使用 Sketch、XD 软件设计界面的设计师使用的单位都是 pt。

物理像素：单位 px。使用 Photoshop 设计移动端界面和网站的设计师使用的单位是 px。Android 和 iOS 的设计差异性见表 1-2-4。

学习单元 1　设计准备

表 1-2-4　Android 和 iOS 的设计差异性

类别	iOS	Android
设计语言	Flat Design	MD
动画原理	镜头、景深	物理世界模拟
单位尺寸	pt	dp、sp
设计起稿尺寸	750×1334	1080×1920
字体规范	Helvetica、苹方	思源黑体、Roboto

任务拓展

1. 原型设计

选择一个具体的 APP 页面（如首页、搜索页、个人中心等），设计其交互原型，并说明设计思路和用户体验优化点。

2. 案例分析

选择一个成功的 APP 产品（如微信、支付宝等），分析其设计理念和成功因素，并讨论它对你的 APP 设计启发。

 实战强化

健康饮食助手

随着现代人生活节奏的加快，越来越多的人开始关注自己的饮食习惯和身体健康。为了帮助用户更好地管理自己的饮食，计划开发一款名为"健康饮食助手"的 APP。该 APP 旨在为用户提供个性化的饮食建议、营养摄入追踪以及健康食谱推荐等功能，帮助用户实现健康饮食的目标。

对"健康饮食助手"APP 进行产品需求分析，旨在明确该 APP 的核心功能、目标用户、用户场景以及非功能性需求，为后续的产品设计、开发和测试提供指导，最终提交一份用户需求分析报告。

单元小结

本单元概括介绍了产品开发流程的重要性和复杂性，包括市场调研、需求分析、产品设计、开发实施、测试验证及发布上线等关键环节，每个环节都需团队协作与高效沟通。同时，也需要理解用户需求是产品开发的基石，显性与隐性需求都需通过调研、问卷、访谈等方式全面收集，并结合用户反馈不断优化产品体验。这些学习体会将指导读者在未来的产品开发中更加注重流程管理和用户需求分析，以提升产品的质量和市场竞争力。

学习单元 2

原型图绘制

单元概述

原型图是一种设计原型，其特点是低精度，主要用于在缺乏视觉设计细节的情况下进行页面结构、功能和内容的规划。它在产品开发过程中扮演着至关重要的角色，类似于建筑领域中的蓝图，能够在项目初期详尽地规定产品的各个方面，作为整个项目的指南。此外，由于原型图的绘制相对简单、迅速，它也常被用于团队内部的非正式交流，以便快速沟通和理解产品设计的意图。

原型图作为产品设计的低精度呈现方式，其核心目标有三个：一是清晰展示主要信息群，确保关键内容得到凸显；二是勾勒出页面的结构和布局，为后续的视觉设计提供基础框架；三是描述用户交互界面的主要视觉元素和交互方式，为用户体验设计提供指导。值得注意的是，原型图的视觉特性相对有限，设计师通常只需运用线条、方框和灰阶色彩填充等基本元素即可完成绘制，以确保其专注于功能和结构的表达，而非细节的视觉呈现。

学习目标

1）深入理解原型图的基本概念、作用及其在产品设计流程中的位置。熟练掌握 Axure 软件的基本操作，包括页面布局、交互元素设置等。熟悉并掌握 APP 原型图设计的基本规范和要求，确保设计的专业性和实用性。

2）能够运用 Axure 软件绘制出结构清晰、交互明确的原型图，包括页面布局设计、交互元素添加以及样式调整等。掌握原型图的导出和分享技能，能够将设计成果有效地转化为 HTML 文件，方便团队成员或客户查看和反馈。

3）培养对原型图制作的浓厚兴趣和热情，保持持续学习和探索新技巧的动力。树立团队合作精神，与团队成员保持良好沟通，共同完成项目任务。追求设计细节的完美，不断提升原型图制作的质量和水平。

4）提升设计素养和综合能力，培养优秀设计师应具备的创新精神和实践能力。

任务 1　企业级登录界面原型图

任务描述

随着信息技术的迅猛发展和企业数字化转型的加速，企业对于信息系统的安全性和用户友好性要求越来越高。登录界面作为用户与系统交互的起点，其设计质量直接影响用户的使用体验和企业的信息安全。因此，设计一款安全、易用的企业级登录界面原型图，成为当前企业信息化建设中不可或缺的一环。

基于上述需求，本项目的设计目标为：设计一款既安全又易用，同时支持个性化定制和兼容多种浏览器设备的企业级登录界面原型图。

任务实施

绘制分类首页

1 框架大小。启动 Axure 软件，首先在元件库中将"方框 1"拖拽至绘图区，调整方框的宽为 385×491；接着滑动"方框 1"旁边的黄色三角，参数滑动至 26，使矩形变为圆角矩形，最后在不选中"方框 1"的状态下，在样式栏下的背景颜色设置中，设置背景颜色为#CCCCCC，效果如图 2-1-1 所示。

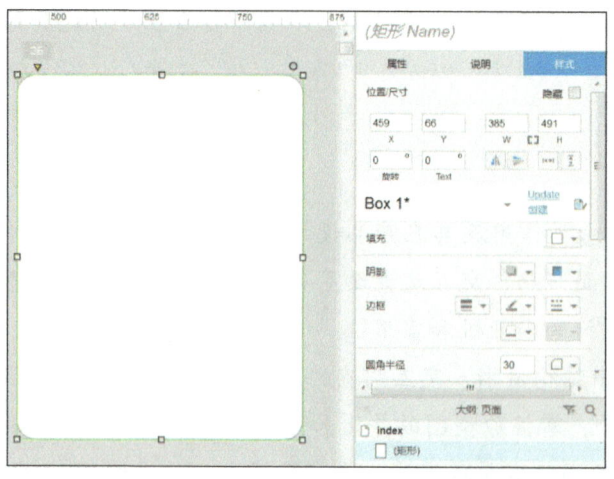

图 2-1-1　框架大小

2 框架结构。首先在元件库中将"文本框"拖拽至绘图区,调整方框的宽为312×44,并在右侧属性栏将隐藏边框选项进行勾选,然后再复制一个;接着再在元件库中将"方框1"拖拽至绘图区,调整方框的宽为312×52,设置填充颜色为#FF0000;最后再在元件库中将"图片"拖拽至绘图区,效果如图2-1-2所示。

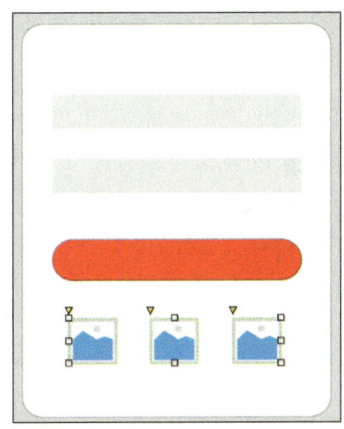

图2-1-2 框架结构

3 框架文本。首先在元件库中将"三级标题"拖拽至绘图区,分别输入"账号登录"和"验证码登录",并设置颜色;接着再将元件库中的"复选框"拖拽至绘图区,输入"7天内自动登录",随后再依次拖入其他"文本标签"并修改其内容;最后再单击"图片"元件属性中图片下的"导入",将素材逐个导入,效果如图2-1-3所示。

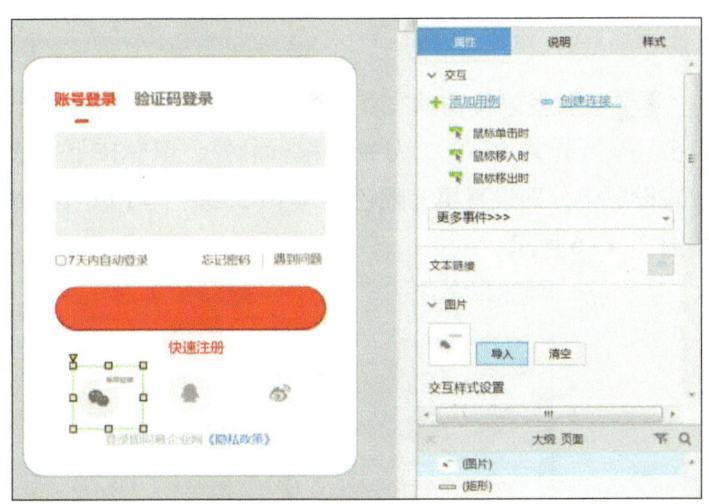

图2-1-3 框架文本

4 边角二维码效果。首先在元件库中将"图片"拖拽至绘图区右下角,再单击"图片"元件属性下的"导入",导入素材,最后滑动"图片"旁边的黄色三角,参数滑动至30,效果如图2-1-4所示。

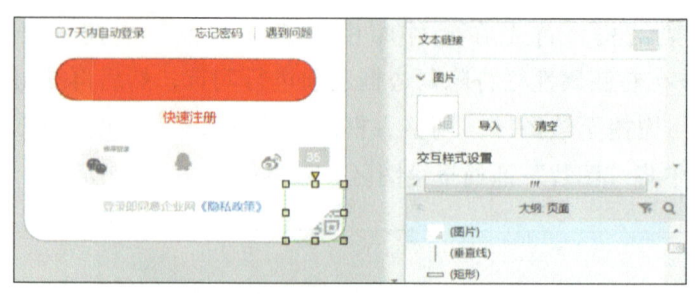

图 2-1-4　边角二维码效果

5 设置文本类型。首先选中上面的"文本框",在属性栏中类型选为"Text",提示文字中输入"请输入登录手机号/邮箱",选中下面的"文本框",在属性栏中类型选为"密码",提示文字中输入"请输入密码",效果如图 2-1-5 所示。

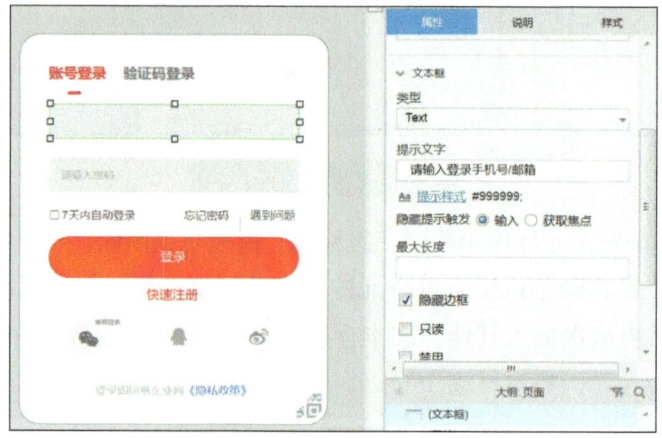

图 2-1-5　设置文本类型

6 设置登录按钮的交互状态。首先选中上面的"文本框",在属性栏中的"形状"下单击"交互样式设置",分别为鼠标悬停、鼠标按下、选中和禁用四种状态,在弹出的交互样式设置中分别设置填充颜色为＃FF3300、＃FF0000 60、＃FF6600、＃CCCCCC,效果如图 2-1-6 所示。

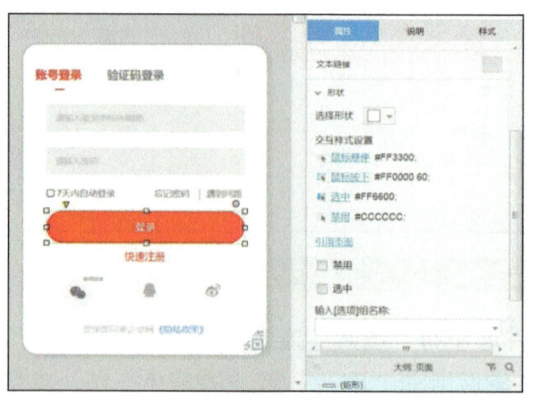

图 2-1-6　设置登录按钮的交互状态

7 图标交互。选中登录框下方的"图片"元件,单击元件属性栏下的"交互样式设置",接着分别设置"鼠标悬停"和"鼠标按下"。导入彩色图标,完成第一个图标元件的交互样式。接着再依次设置后两个图标元件,效果如图2-1-7所示。

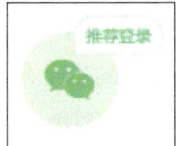

图2-1-7 图标交互

8 完成效果。设置完成后单击菜单栏中的预览,在弹出的窗口中预览企业级登录界面,效果如图2-1-8所示。

图2-1-8 登录界面完成效果

必备知识

1. 元件基础设置

(1) 元件添加到画布

元件的添加可以直接通过拖拽至绘图区完成,其中元件的命名尽量用有意义的英文命名(首字母大写,便于阅读)。软件右侧是对元件的属性设置。基本功能都可以进行设置,如图2-1-9所示。

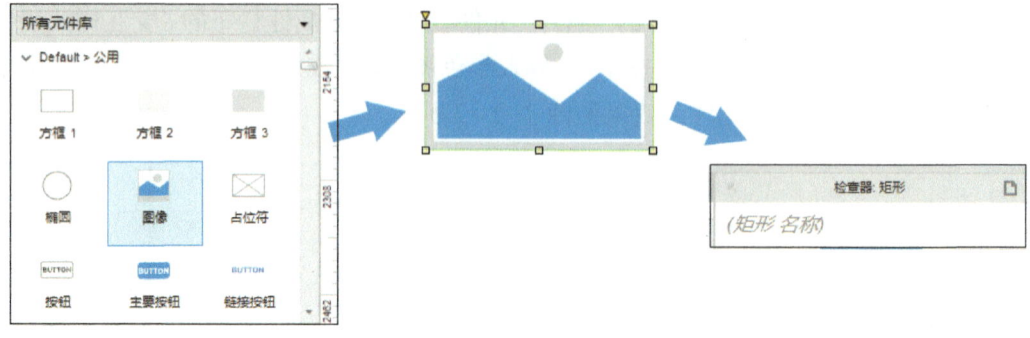

图 2-1-9 元件添加到画布

（2）元件的基本样式

在"样式"中，既可以设置元件在画布中的位置，也可以设置其大小。同时，元件大小还可以通过拖拽改变，也可以保持比例。在页面的右上角还可以控制元件是否隐藏。

在"样式"中，还能设置填充颜色、阴影、边框、圆角半径等属性，以及设置元件中字体、字号、对齐方式、边距等属性，如图 2-1-10 所示。

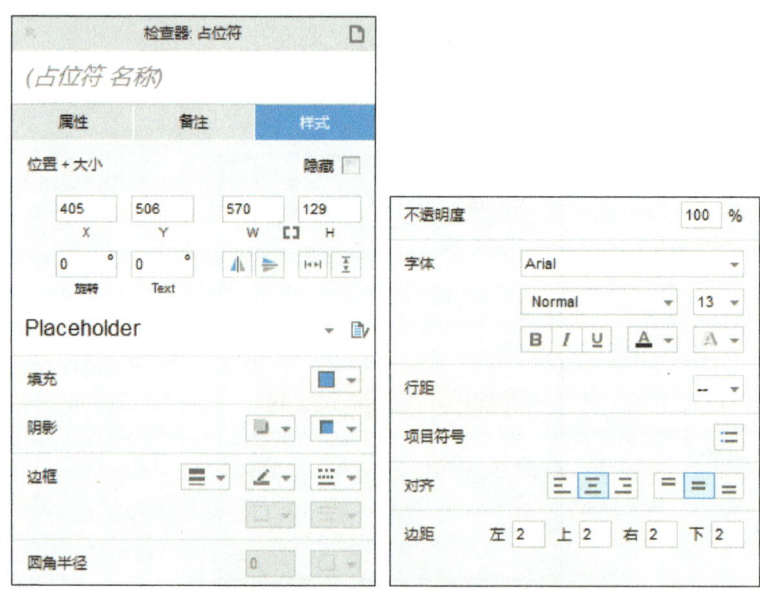

图 2-1-10 元件的基本样式

2．文本框元件基础操作

（1）密码输入框

密码原则上不应显示明文，可以在文本框元件"属性"下的"类型"中设置为"密码"，如图 2-1-11 所示。

（2）提示文字的选项解释

提示文字设置包含"隐藏提示触发"选项，其中"输入"指用户开始输入时提示文字才消失；"获取焦点"指光标进入文本框时提示文字即消失。元件移入后的提示信息在元件提示属性中设置。

  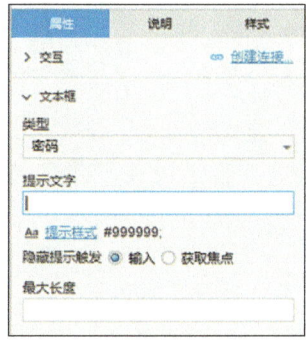

图 2-1-11 密码输入框属性设置

（3）文本框的"提交按钮"属性

"提交按钮"里面填写按回车键时触发的元件 A 名称。表示该元件在输入状态下按回车键会触发元件 A，元件 A 是鼠标单击触发事件。

3．矩形框元件

（1）矩形形状

单击矩形右上角的圆圈，设置成想要的形状，如果里面没有理想的形状，可以选择自定义形状。单击右上角的圆圈，选择"转换为自定义形状"，单击边框可以增加节点，按住 <Ctrl> 键可以拖动节点，右击可以选择"曲线""直线""删除"，还可以通过拖动曲线的手柄端点调整曲率，如图 2-1-12 所示。

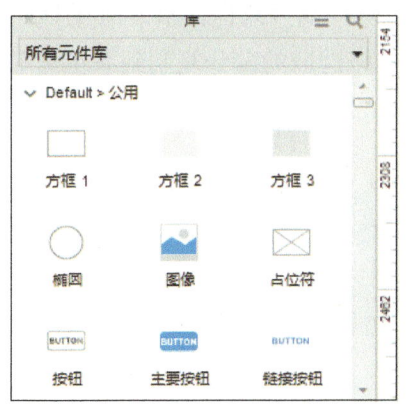 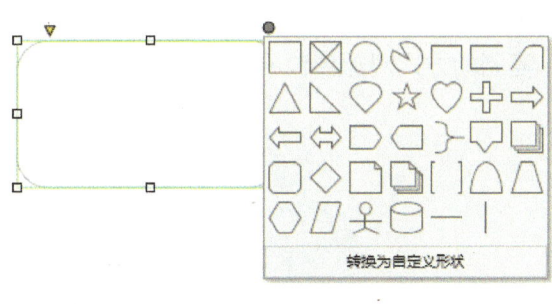

图 2-1-12 矩形形状

（2）设置形状水平/垂直翻转，如图 2-1-13 所示。

水平翻转：Y 轴对称（水平对称）。

垂直翻转：X 轴对称（垂直对称）。

水平翻转加垂直翻转：原点对称。

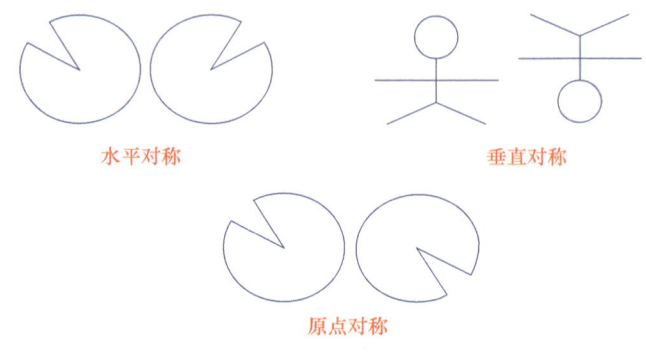

图 2-1-13 设置形状水平/垂直翻转

4．切割/裁剪图片

在元件库中选中图像并将其拖拽至绘图区，单击图像导入图片，右击图片元件，进行"切割"和"裁切"。

切割：可将图片进行水平与垂直的切割，将图片分割开，如图 2-1-14 所示。

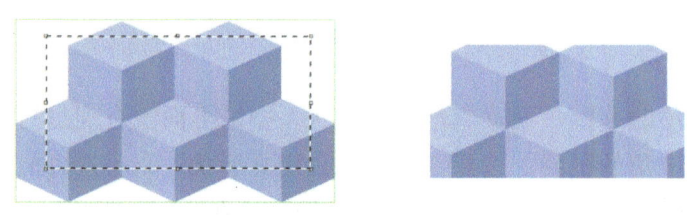

图 2-1-14 切割

裁剪：裁剪分为几种，分别是裁剪、剪切和复制。其中，裁剪只保留被选择的区域；剪切是将选取的部分从原图中剪切到系统剪贴板中；复制是将选取的部分复制到系统剪贴板中，复制的方式对原图没有影响，如图 2-1-15 所示。

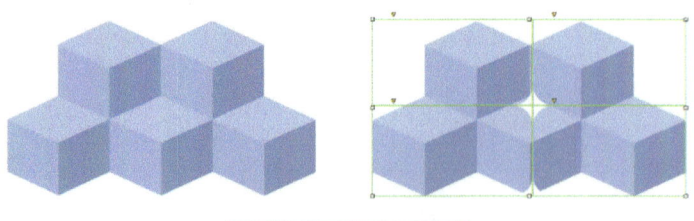

图 2-1-15 裁剪

5．元件属性

（1）元件"禁用"

"属性"中"禁用"可以设置禁用的样式（引用页面上面那个蓝色的禁用设置禁用样式，引用页面里面的单选禁用按钮决定是否禁用）。

（2）交互样式

选中元件，单击"鼠标悬停"后会打开"交互样式设置"窗口，可对该样式进行编辑；如这里选中"字体颜色"，单击字体按钮后的下拉按钮，打开颜色选择器，选择一个颜色；可以在线框图编辑中预览交互样式效果。

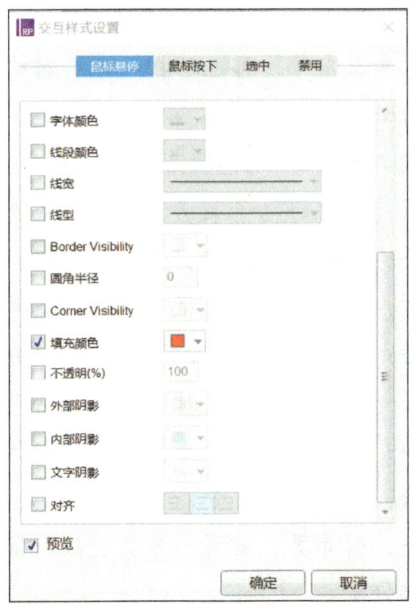

图 2-1-16　交互样式

（3）嵌入多媒体文件/页面

在基本元件中的内联框架中双击或在属性中单击"选择框架目标"，选择"链接到 url 或文件"，在超链接中填写地址。

任务拓展

如图 2-1-17 所示，绘制完成一款登录界面的低保真图，并尝试完成按钮反馈效果。

图 2-1-17　登录界面

任务 2　"排排美食 APP"原型图绘制

任务描述

产品经理发布一份详细的项目需求概述文档。

APP 应用描述：

好朋友来聚会，带他们去吃什么？

爸妈来过年，带他们去哪儿吃？

相亲很中意，约会去哪儿呢？

旅游到外地，哪儿能吃到特色菜？

不用担心，让小排来告诉你！

排排美食，变楼下、商圈和景点餐馆为自家厨房，随时随地点菜和预订，吃饭再也不让家人、客人和女友等，再也不担心旅游时吃不到当地独有美味，几百万吃货亲历的居家、旅行和约会的必备神器。

排排美食 APP 开发功能亮点如下：

手机点菜：无障碍电子菜谱，流畅点菜无须服务员；

提前订餐：随时随地预订、点菜，吃饭、逛街两不误；

周边餐厅：地区、菜系、服务，你想要的这里全都有；

电子菜谱：高清菜品美图，特色、做法分类，超流畅点菜体验；

会员卡：一秒在线领取，时时查询消费金额、余额和充值记录；

优惠折扣：超值优惠券、会员折扣、打折菜品和特价套餐，比团购便宜；

积分商城：吃饭就送积分，各种充值卡、会员激活码免费兑换；

功能服务：引导页、首页、分类、摇一摇、分享。

产品需求分析：

经过公司多次例会讨论，对该项目的各模块进行了分析，确定该项目的基本框架，如图 2-2-1 所示。

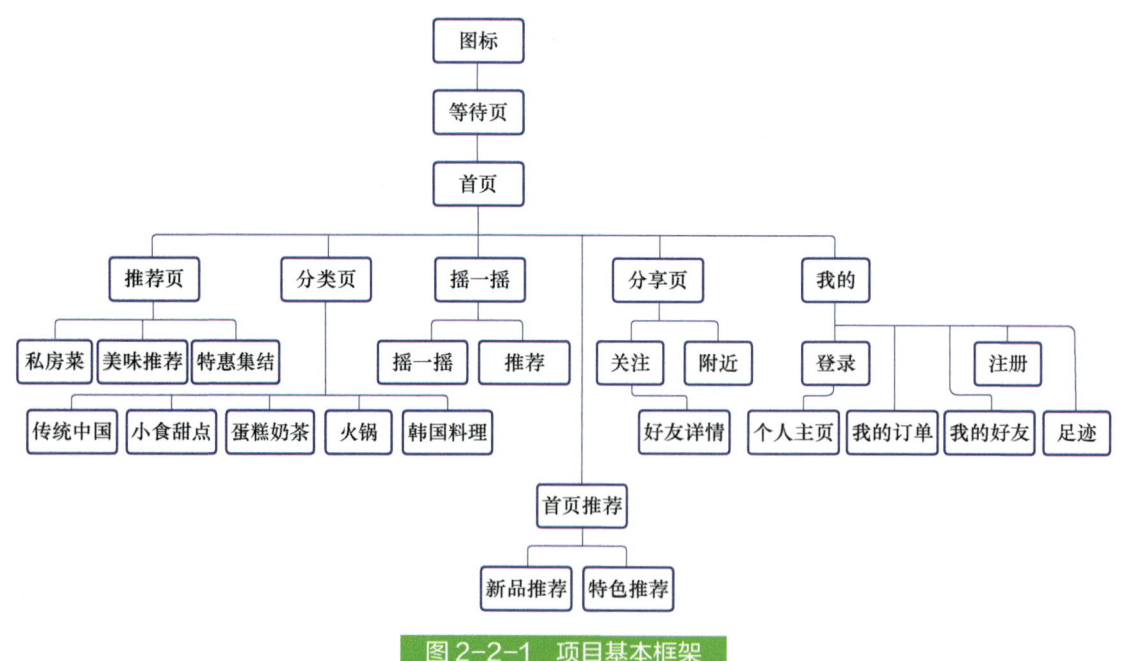

图 2-2-1 项目基本框架

任务实施

1．分类页原型图绘制

（1）绘制分类首页

1 框架大小。分类页原型图根据分辨率 1224px×2208px 进行制作，但为了方便制作时的观察，这里采用屏幕尺寸的一半进行绘制（1224px×2208px 的一半）。

2 绘制基本框架。启动 Axure 软件，首先在元件库中将"方框1"拖拽至绘图区，调整方框的宽为 612×1104；接着再将元件库的"方框1"分别拖拽至绘图区，绘制状态栏、导航栏和标签栏，状态栏高度为 30、导航栏高度为 62、标签栏高度为 70；最后导入状态栏图片，单击导航栏输入"分类"，字号为 28，效果如图 2-2-2 所示。

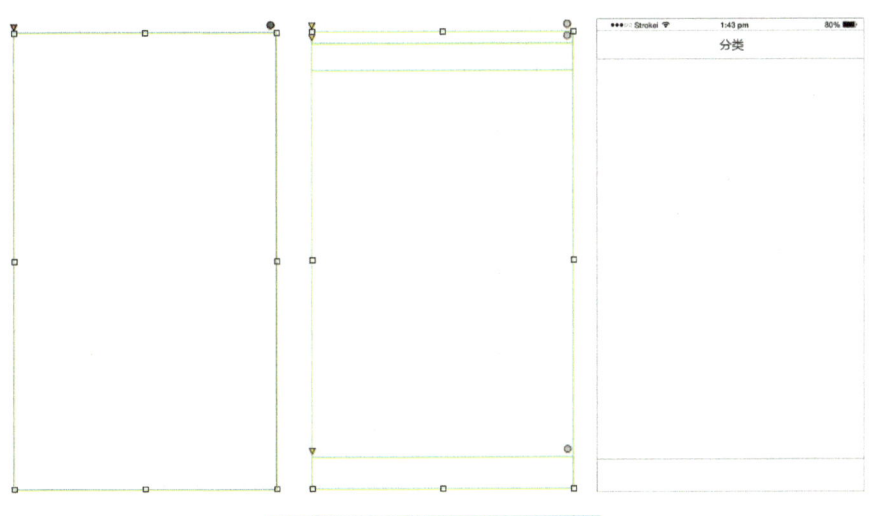

图 2-2-2　绘制基本框架

3 绘制标签栏。首先在元件库中将"标题2"拖拽至绘图区，调整字号为 20、左右居中，取消粗体，再复制 5 个并分别输入"推荐""分类""摇一摇""分享"和"我的"。随后使用上下居中对齐和横向分布进行对齐；接着使用元件库中的符号分别与 5 个标签对齐；最后将分类的符号颜色调整为 #000000，其他符号为 #BCBCBC 用以区分当前为分类页，效果如图 2-2-3 所示。

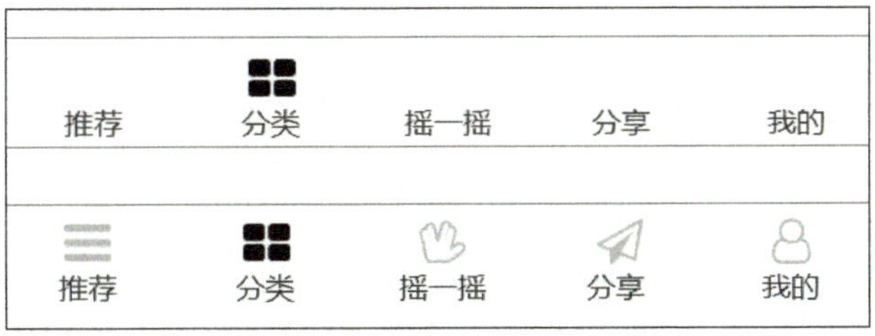

图 2-2-3　绘制标签栏

4 绘制搜索区。首先在元件库中将"方框1"拖拽至绘图区，通过拖动方框左上方的三角形，改变方框的圆角度数为150；接着调整方框的长宽比，单击图形输入"开饭啦！！"，再将图形放置在居中的位置；最后在元件库中将"横线"拖拽至绘图区，绘制出搜索区，效果如图2-2-4所示。

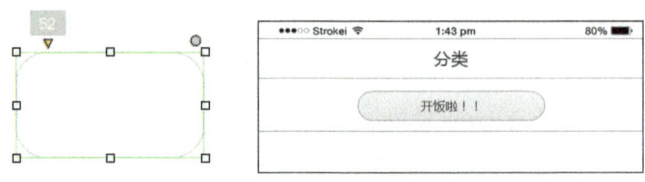

图2-2-4 绘制搜索区

5 绘制左侧分类区。首先在元件库中将"图像"拖拽至绘图区，再将"标题2"拖拽至绘图区，调整字号为20、左右居中，取消粗体并输入"传统中国菜"，随后将"图像"和"标题2"组合；接着将元件库中"方框1"拖拽至绘图区，调整方框的宽高与侧边对齐，颜色调整为#BCBCBC；最后将"图像"和"标题2"组合复制多个，再使用上下居中对齐和横向分布进行对齐，然后分别修改标题文字为"小食甜点""蛋糕奶茶""火锅""韩国料理""小吃快餐"，效果如图2-2-5所示。

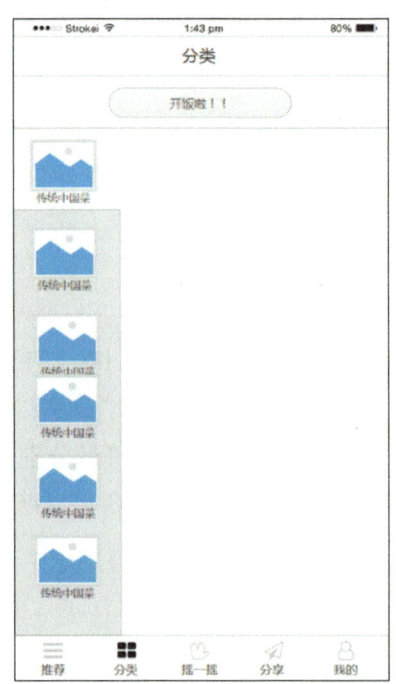

图2-2-5 绘制左侧分类区

6 绘制页面内容区。首先在元件库中将"占位符"拖拽至绘图区，调整大小后进行复制，并使用上下居中对齐和横向分布进行对齐；接着分别输入不同地域品名称，字号为24，效果如图2-2-6所示。

7 完成分类页原型图绘制，效果如图2-2-7所示。

图2-2-6 绘制页面内容区

图2-2-7 分类页原型图完成效果

（2）绘制分类子页

1 绘制基本框架。首先在"页面"栏新建子页面，并将分类页的基本框架复制到子页面；接着将状态栏文字修改为"小吃快餐"，将搜索区文字修改为"请输入商家名称或分类"，字号为20，字体颜色为#A1A1A1；最后将搜索区下方的"横线"删除，效果如图2-2-8所示。

图2-2-8 绘制基本框架

2 绘制子页面分类。首先在元件库中将"标题2"拖拽至绘图区,调整字号为20、左右居中,取消粗体,再复制3个。分别输入"品类""附近""智能排序""筛选",随后使用上下居中对齐和横向分布进行对齐;接着在元件库中将"占位符"拖拽至绘图区,并调整其大小,效果如图2-2-9所示。

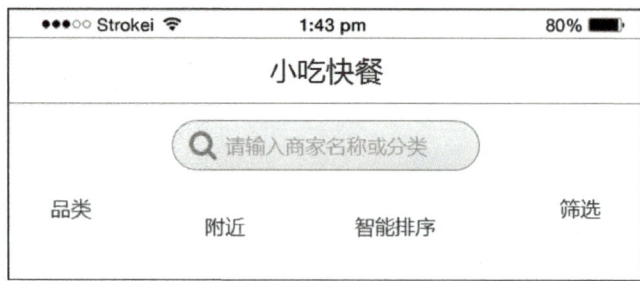

图2-2-9 绘制子页面分类

3 绘制子页面内容。首先在元件库中将"图像"拖拽至绘图区,再将"标题3"拖拽至绘图区,输入"凉茶",调整为左对齐,字号为18,随后将"标题3"复制一个,输入"2.5km",取消其粗体,并分别调整其位置;接着在元件库中将"文本"拖拽至绘图区,输入店名为"古春回凉茶",对齐方式为左对齐,字号为20,输入地址为"香洲区九州大道西3024号艺术大楼2楼",对齐方式为左对齐,字号为12,输入价格为"￥25",对齐方式为左对齐,字号为20;最后将制作的元素组合,再复制多个,使用上下居中对齐和横向分布进行对齐,并分别修改其他元素的相关信息,效果如图2-2-10所示。

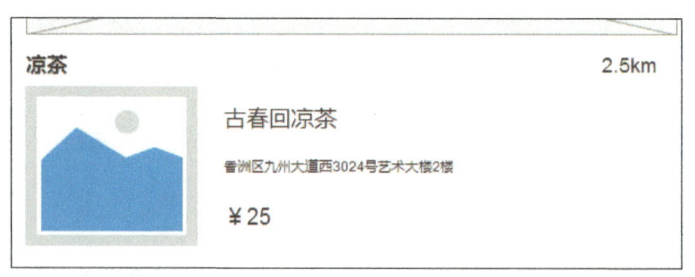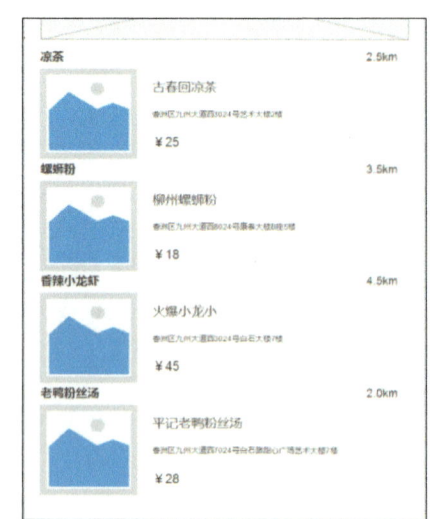

图2-2-10 绘制子页面内容

4 完成分类页子页面绘制,效果如图2-2-11所示。

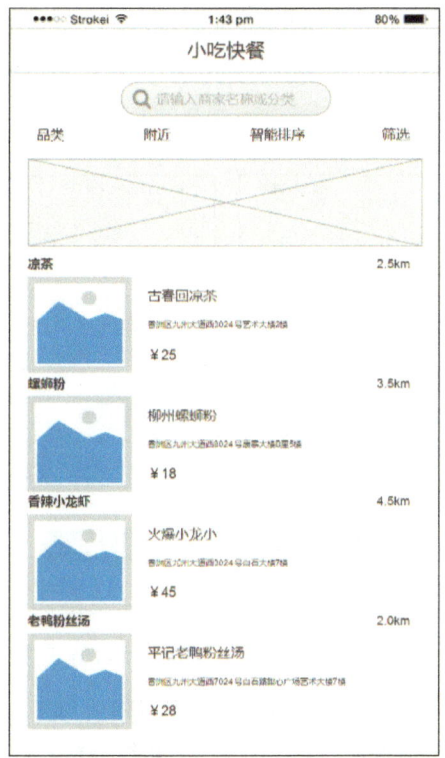

图 2-2-11 分类页子页面效果

2．分享页原型图绘制

（1）绘制附近页

1 绘制基本框架。首先在"页面"栏新建页面为"分享"，并将分类页的基本框架复制到"我的"页面；接着将"标题1"拖拽至绘图区，调整字号为28、左右居中，取消粗体并输入"附近"；接着再复制一个并输入"关注"，字体颜色为#BCBCBC，调整文本位置。

最后将标签栏中"分享"的符号颜色调整为#000000，其他符号为#BCBCBC，用以区分当前为分类页，效果如图2-2-12所示。

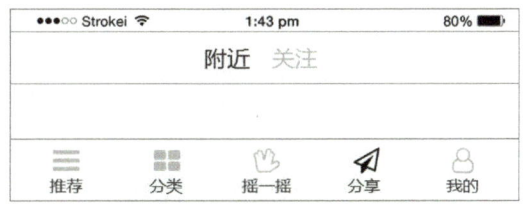

图 2-2-12 绘制附近页

2 绘制附近展示区。首先在元件库中将"图像"拖拽至绘图区，使用上下居中对齐和横向分布进行对齐，再将元件库中的"标题3"拖拽至绘图区，输入"珠海·周围都在吃"，调整为左对齐，字号为18，并调整其位置；接着在元件库中将"方框1"拖拽至绘图区，调整其大小后复制多个，并与"图像"进行匹配，调整填充颜色分别为#00FFFF、#0066FF、#0066FF、#0066FF，不透明度为50；最后再分别输入文本，颜色为白，字号大小为20，效果如图2-2-13所示。

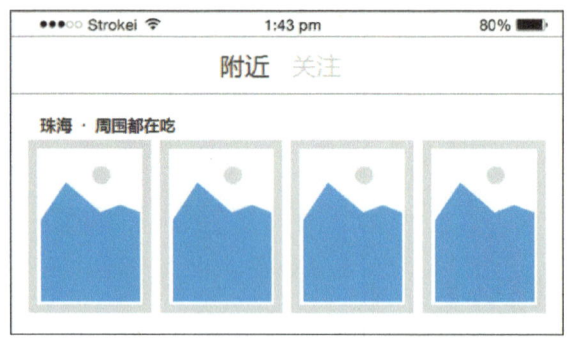 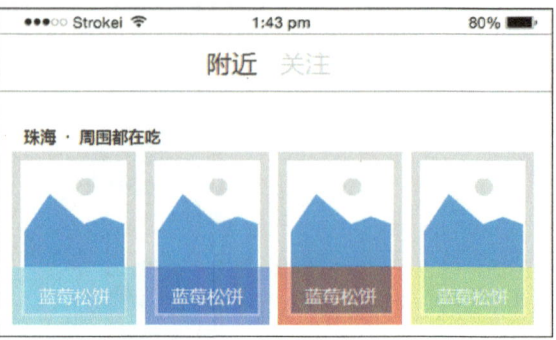

图2-2-13　绘制附近展示区

3 绘制内容区。首先在元件库中将"椭圆"拖拽至绘图区并调整其大小和位置，再在元件库中将"文本"拖拽至绘图区，输入"晴天VIP"，对齐调整为左对齐，字号为24，加粗，再输入"2天"，调整为左对齐，字号为18，取消加粗，随后在元件库中将"方框1"拖拽至绘图区，调整圆角半径为9，输入"+关注"，调整为左右居中对齐，字号为20，并分别调整其位置；接着再在元件库中将"文本"拖拽至绘图区，输入介绍的文本内容，调整为左对齐，字号为18。随后在元件库中将"占位符"拖拽至绘图区，并分别调整其大小；最后分别对餐厅信息、位置，以及浏览信息等进行制作，字号大小为18，并分别调整其位置和大小，效果如图2-2-14所示。

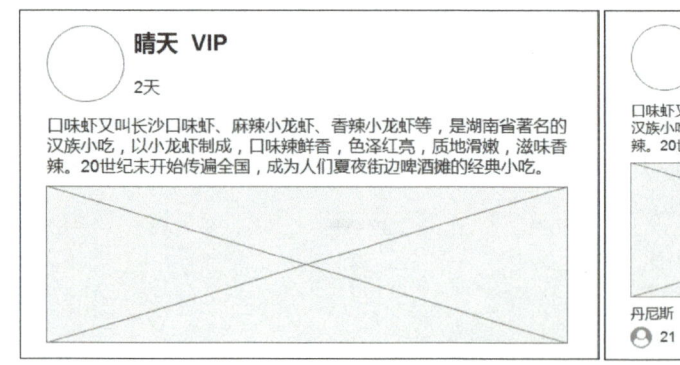 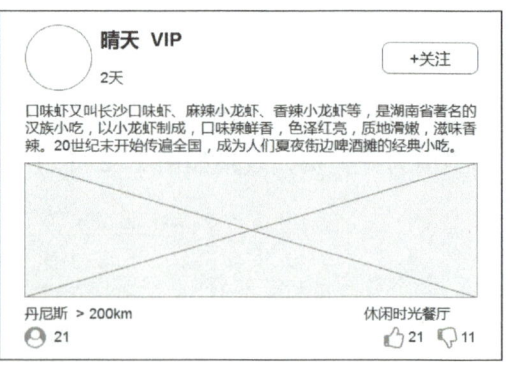

图2-2-14　绘制内容区

4 完成分享页效果。首先将制作好的内容区进行组合；接着将其复制一份，并修改为新的内容；最后调整其位置，并将其置于信息栏下层，完成效果如图2-2-15所示。

学习单元 2　原型图绘制

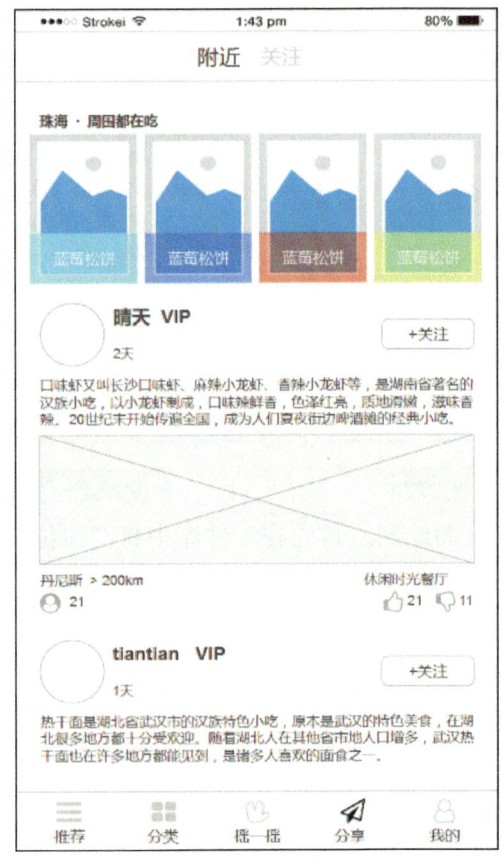

图 2-2-15　完成分享页效果

(2) 绘制关注页

❶ 绘制基本框架。首先复制"附近"页的基本框架；接着将"关注"字体颜色调整为 #000000，"附近"的字体颜色调整为 #BCBCBC，如图 2-2-16 所示。

图 2-2-16　绘制基本框架

❷ 好友推荐区。首先在元件库中将"椭圆"拖拽至绘图区，复制多个后使用上下居中对齐和横向分布进行对齐；接着再在元件库中将"文本"拖拽至绘图区，输入好友名称及备注，调整为左右居中对齐，字号为 20，其中好友备注用加粗，并调整其位置与椭圆对齐；最后再在元件库中将"文本"拖拽至绘图区，输入"为你推荐"，字号为 24，字体颜色为 #BCBCBC，调整其位置与界面居中，效果如图 2-2-17 所示。

❸ 绘制内容区。将"附近"页内容进行复制，调整为内容区页面位置，效果如图 2-2-18 所示。

— 35 —

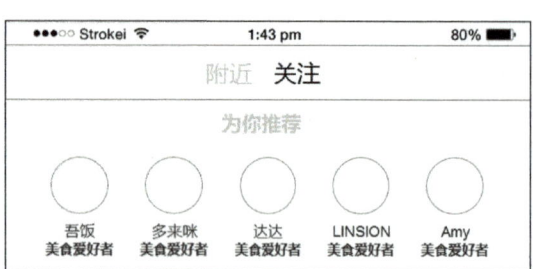
图 2-2-17 好友推荐区

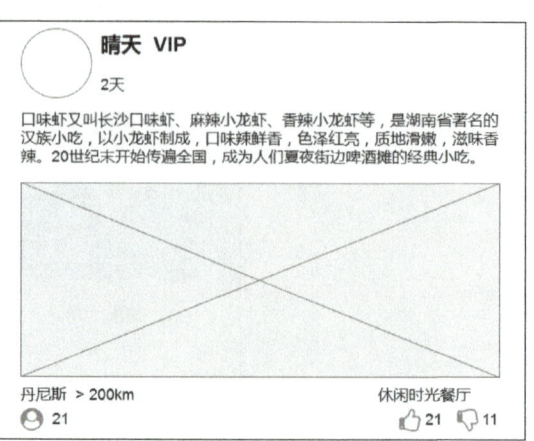
图 2-2-18 绘制内容区

4 完成关注页及其子页面绘制。首先在元件库中将"占位符"拖拽至绘图区,再调整其位置,并将其置于信息栏下层,完成关注页制作。再使用相同方法完成其子页面效果,如图 2-2-19 所示。

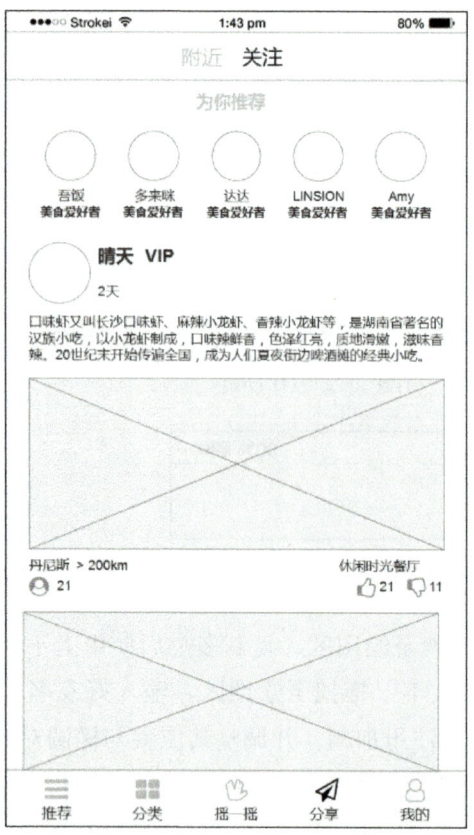
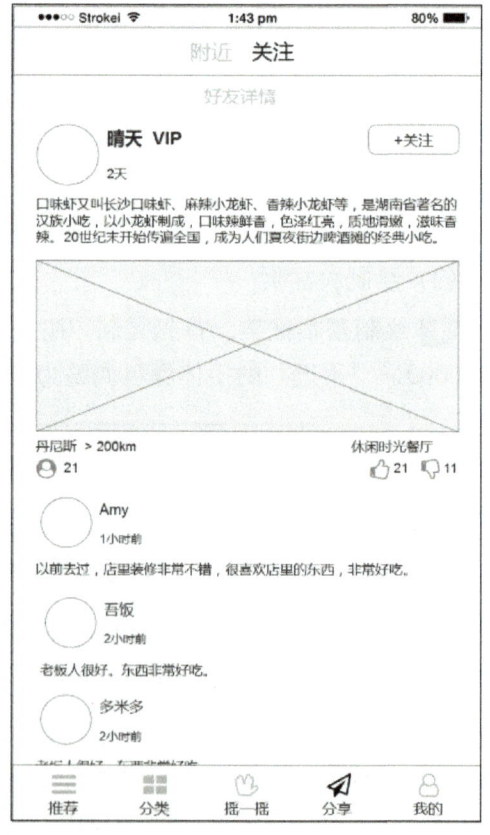

图 2-2-19 完成关注页及其子页面绘制

"摇一摇"页面效果如图 2-2-20 所示。

图 2-2-20 "摇一摇"页面

"我的"页面及其子页面效果,如图 2-2-21 所示。

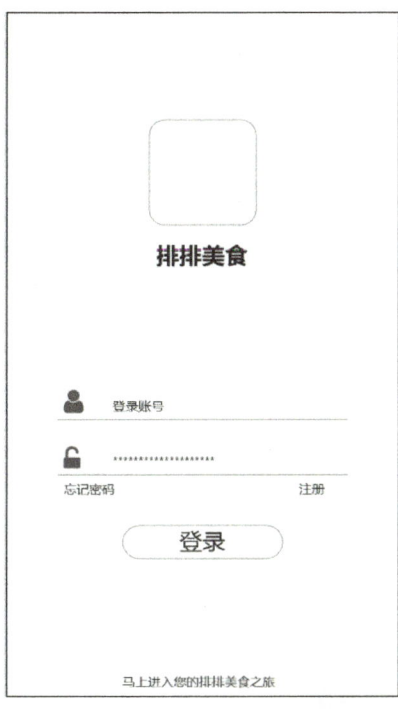
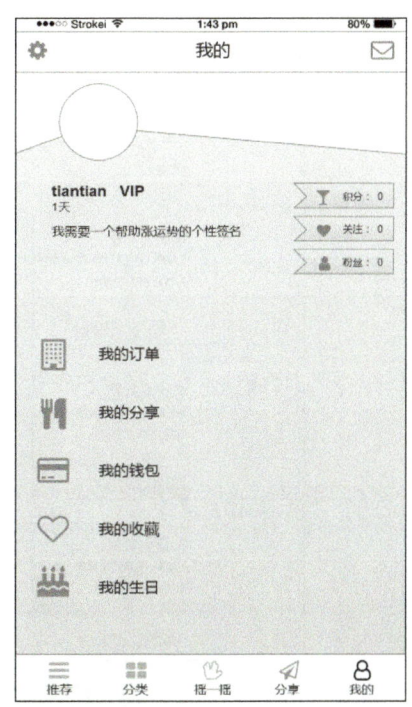

图 2-2-21 "我的"页面及其子页面

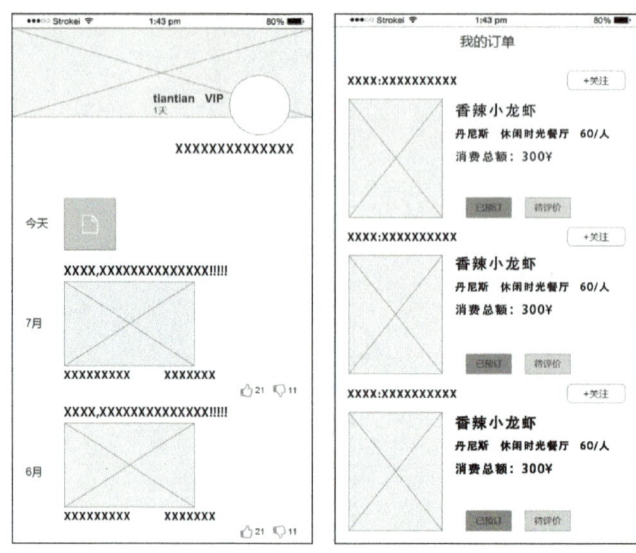

图 2-2-21 "我的"页面及其子页面(续)

必备知识

界面视觉设计原则

原型图设计遵循的首要原则是在满足将产品需求转化为界面功能需求的同时,尽可能地维持原型图的美观简洁。

1)对齐:在进行制作时,页面中的模块或元素要保持对齐性,这样完成的效果才能规整有序,如图 2-2-22 所示。

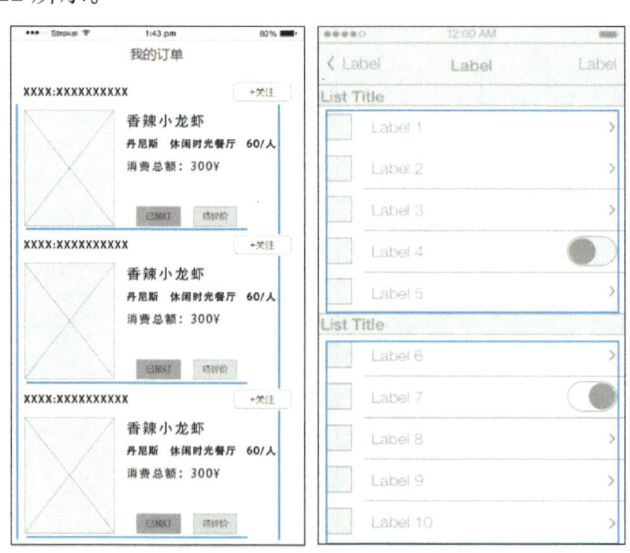

图 2-2-22 对齐

2)亲密关联:经常提到的"格式塔原理"的演变,是指内容属性可以划归为一组的，在位置布局上距离相近，不同属性内容之间的距离相对远一些。APP 页面中，通常会按照消费行为、个人互动消息、系统操作等分为不同模块，同一模块下相近属性归为一组，如图 2-2-23 所示。

3）对比：页面不同元素之间要有对比效果，目的是更清晰地组织信息，使层级关系明了，能够引导用户浏览并且制造焦点。设计的某些元素可能在整个页面中多次出现，如图 2-2-24 所示。

4）重复：重复的元素可能是某个模块、一条分割线、某种粗字体、某类型图标标识等，如图 2-2-24 所示。

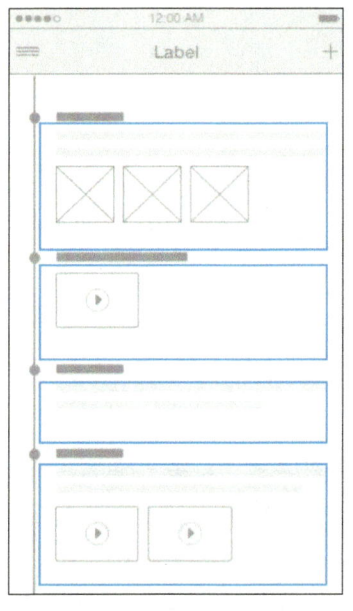 

图 2-2-23 关联　　　　　　　图 2-2-24 对比和重复

任务拓展

1）在 APP 设计中，分类页是用户浏览和选择不同内容的重要入口。本任务要求根据给定的分类："小食甜点""蛋糕奶茶""火锅""传统小吃""饮品"等，绘制出相应的子页面原型图。

2）根据"排排美食"项目的要求，完成其他页面的原型图制作。

实战强化

APP 应用描述

麦动是 APP 开发公司开发的一款音视频直播互动社区应用。在这里，人人都能做主播，随时都能秀自己，独乐乐不如众乐乐，快来加入吧！

麦动视频直播 APP 的特色：

1）适应手机用户而生的直播互动社区，人人都能做主播，随时都能秀自己。

2）突破单一主播的限制，采用主播＋嘉宾的房间模式。
3）主播携手蜜友团来袭，满足你一个房间看到多个视频直播的需求。
4）直播大厅，主播聚集地，上线开播吼一声，为房间增加人气。
麦动APP的功能：
1）【直播大厅】随时查看最新最热门的直播秀场。
2）【排行榜】每日更新魅力榜和新人榜，让你快速找到APP里最红的人。
3）【会员】会员可以无限制进入满员房间，独享大厅发言特权，还有专属标识，尽显尊贵本色。
4）【精彩】主播专属图片集，错过直播的小伙伴也能从精彩图片里获得安慰。
5）【直播邀请】接受邀请就能与其他主播共同直播，享受被送礼物的幸福。
6）【抢嘉宾】不满足于只当观众？那就抢个嘉宾来当。

根据APP应用描述，分析该款APP的特色及功能，完成该款APP原型图的绘制，要求要充分考虑该款APP的功能及制作细节规范。

单元小结

在项目开发过程中，需求分析阶段往往难以一次性得到完整、一致、准确、合理的需求说明，这给后续的设计和开发工作带来了不少困难。而原型图作为一种有效的解决方法，能够将需求阶段的一致性传递到产品研发过程中的系统设计阶段、视觉设计阶段、编码和测试阶段等过程。

本单元介绍了APP原型图设计制作的相关知识，通过分析项目需求到完成原型图制作，讲述了原型图的制作流程。在制作原型图的过程中，使用Axure工具可以方便地完成各页面的绘制。需要注意的是，原型图在不同的公司可能有不同的架构，因此对需求文档和原型图的要求也会有所不同。但不管要求如何，一定要首先清楚设计的逻辑关系。

学习单元 3

UI 图标设计

单元概述

本单元专注于UI图标设计的综合学习，应深入理解图标设计的核心理念、类型、元素和风格，并探究其与用户心理和行为的关系，学会如何根据需求选择合适的图标类型，运用设计元素和风格优化视觉效果，同时培养独立设计能力和创新思维。此外，本单元还注重以用户为中心的设计理念，强调用户体验和人文精神的结合，培养团队合作精神和沟通能力。通过本单元的学习，能够全面提升UI图标设计能力，为未来的设计工作奠定坚实基础。

学习目标

1）掌握图标设计的基本原则和概念，如简洁、易识别、有意义等。了解不同类型的图标（如线性图标、面性图标、线面结合图标）及其特点和应用场景。熟悉图标设计的常见元素和风格，以及它们对用户界面整体视觉效果的影响。了解图标设计与用户心理和行为的关系，如色彩心理学、用户习惯等。

2）能够根据需求和规范进行独立的图标设计。熟练使用相关设计软件进行图标绘制和编辑。具备创新思维和解决问题的能力，能够针对不同需求和问题设计出合适的图标解决方案。

3）培养对UI设计的兴趣和热情，关注行业动态和趋势。建立以用户为中心的设计理念，注重用户体验和反馈。培养团队合作精神和沟通能力，能够与其他设计师和开发人员协同工作。形成对设计作品的客观评价标准，不断追求设计的质量和美感。

4）注重用户体验和人文精神。UI图标设计需要以用户为中心，关注用户体验。通过本单元的学习和实践，培养用户体验意识，关注用户需求和体验，并注重人文精神，从而更好地满足用户需求。

任务 1 "摄影美图"图标设计

任务描述

E-design 设计公司最近承接了一个名为"摄影美图"的 APP 写实图标设计项目。这款 APP 是一个以论坛为基础，积累了海量图片的平台，其内容主要涉及影视类。设计要求以抽象化风格呈现，涵盖首页、视频、相机和论坛等几个主要模块。

为了确保项目的顺利进展，设计师"梦梦"为实习生们分配了任务。

在本设计任务中，实习生们需要根据 APP 的整体风格和要求，设计出一套符合抽象化风格的图标。这需要充分考虑图标的可识别性、美观性和与 APP 功能的关联性。

任务实施

1．草图绘制

（1）前期准备

本任务的目的是在考察手绘技巧的同时，锻炼将实物转化为图标的归纳能力，如图 3-1-1 所示。

绘制底稿。上网找到有关文件夹的写实图标，在纸上用直线画出正方形，并对 4 个角进行圆角处理，画出图标轮廓。打格子画出图标标准辅助线，如图 3-1-2 所示。

图 3-1-1　手绘图标

图 3-1-2　绘制底稿

（2）图标绘制

① 绘制轮廓形状。首先用硬铅笔将大概的形状勾出来，先概括大的形体，把握住大透视，绘制胶卷图标轮廓时，两个椭圆的透视也很重要，最好借助一些辅助线将轮廓勾勒出来，如图 3-1-3 所示。

图 3-1-3 绘制轮廓形状

❷ 加重轮廓外形。使用重色铅笔勾线,轮廓一定要勾明确。注意前后的虚实关系,近实远虚。画出播放器内容,如图 3-1-4 所示。

(3) 绘制阴影

❶ 播放器盒上色。观察原图,找出文件夹的黑白灰部分,用硬铅笔上色,从暗面绘制一些光影关系,建立立体感,让画面变得更加真实,如图 3-1-5 所示。

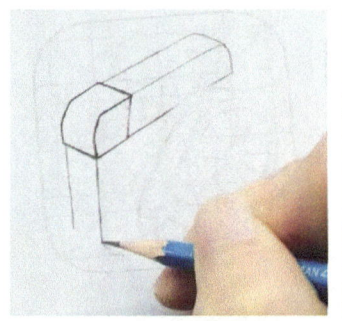  

图 3-1-4 加重轮廓外形   图 3-1-5 播放器盒上色

❷ 绘制胶卷部分。用颜色重的铅笔画出胶卷的投影部分,突出立体感。将阴影附近的轮廓线条画得更深,投影也要画出来,如图 3-1-6 所示。

图 3-1-6 绘制胶卷部分

(4) 最终效果调整

❶ 绘制细节。用铅笔再画出固有色,突出立体感。将轮廓胶片的暗面附近画得更深,投影也要画出来,如图 3-1-7 所示。

图 3-1-7 绘制细节

2 加重线条。在亮面稍微排点线条，调整一下，加重轮廓线，如图 3-1-8 所示。

3 调整最后效果。用橡皮修饰边缘，注意下面的明暗交界线和反光，画上胶卷的胶带，完成效果如图 3-1-9 所示。

  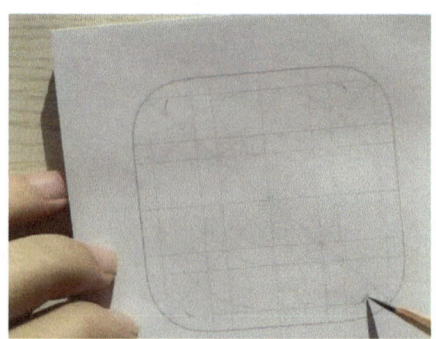

图 3-1-8 加重线条 图 3-1-9 完成效果

2．美图图标设计

（1）绘制草稿

1 查找写实图标。上网找到有关文件夹的写实图标，在纸上用直线画出正方形，并对 4 个角进行圆角处理，画出图标轮廓。打格子画出图标标准辅助线，如图 3-1-10 所示。

图 3-1-10 绘制底稿

2 绘制线稿。可以参照实物的照片,进行抽象设计,采用相机的外形,加入其他元素,把大形画好。用尺子和颜色比较重的铅笔将文件夹轮廓勾勒出来,如图 3-1-11 所示。

图 3-1-11　绘制线稿

3 绘制点缀物。根据抽象设计,让摄影美图变得更加可爱,决定在爱心里再增加爱心,并绘制一个反光镜的效果,如图 3-1-12 所示。

4 图标上色。观察原图,找出文件夹的黑白灰部分,用硬铅笔上色,将上下部分进行灰色部分绘制,建立立体感,让画面变得更加真实,并绘制阴影,如图 3-1-13 所示。

图 3-1-12　绘制点缀物　　　　图 3-1-13　图标上色

(2) 软件绘制

1 软件绘制。将线稿进行扫描。新建文档。启动 Photoshop 软件,打开新建对话框,在软件内进行绘制,如图 3-1-14 所示。

图 3-1-14　软件绘制

2 填充主色调。根据图标设计主体颜色，在拾色器（前景色）面板中输入颜色代码"9DB4D2"，然后将此颜色应用于图标的填充，如图3-1-15所示。

3 填充辅色调。一个图标的颜色不宜太多，根据图标设计辅助颜色设计，在拾色器（前景色）面板中输入颜色代码"FCE3CF"，然后将此颜色应用于图标的填充，如图3-1-16所示。

（3）最终效果调整

步骤最终效果。填充辅色调图标全部画完后，搭配上找好的锁屏壁纸，就成为一整套可爱的卡通主题，如图3-1-17所示。

图3-1-15 填充主色调

图3-1-16 填充辅色调

图3-1-17 最终效果

必备知识

1. 手绘UI图标流程

1）草图。草图是整个设计的灵魂，这个环节会花费最多的时间。要专注于设计上，重点是表达出你的想法，线条流畅并不是重点。多找一些素材作为参考。

2）确定线稿，确定选区。把线稿整理出来，把结构交代清楚，将线条画实。

3）素描关系。画出明暗，不同结构的明度关系都是有区别的，绘制高光和反光。

4）上固有色。注意颜色的搭配，注意补色的运用。

5）丰富细节。确定视觉中心，把细节放到视觉中心。将深浅颜色加深减淡处理。

6）深入刻画。拉开不同质感的差距，对整体进行观察并调整。如果对质感不了解，可以查找相关资料学习。

2. 图标设计常识

图标通常是用户最初正式认识应用程序的地方，同时图标也是界面设计中最常用到的元素。图标能将界面连接起来，使用户可以通过单击就从A到达B。那么什么样的图标才算是好图标呢？"美观"和"辨识度"是应用类图标最重要的两个特征。下面从设计的角度，从以下几个方面对图标进行分析。

1）简单而独特的外形更容易让图标被识别。即使是写实类的拟物化图标，线条也一定要简洁明了，绘制出具有代表性的轮廓，能体现出应用程序的功能就可以了，如图3-1-18所示。

图 3-1-18　图形简洁独特的图标

2）简洁而明了的色彩更容易提高图标的辨识度。尽管经常见到一些颜色变化丰富的优秀图标，但是设计起来会非常有难度，通常一到两种颜色就可以了，如图 3-1-19 所示。

图 3-1-19　色彩简洁明了的图标

3）准确运用材质突出图标的功能特征。图标的质感不仅是用来体现美感，更重要的是突出图标的功能特征，让用户更接受你的设计，如图 3-1-20 所示。

图 3-1-20　材质突出的图标

4）概念的选择要与时俱进。一些概念随着时间的流逝会被逐渐取代，比如老式的台式计算机很难代表互联网，3.5 英寸的软盘也不能表存储等。

5）图标的设计要突出重点。图标的设计与绘图有着本质的区别，众所周知的设计理论"形式追随功能"在这里就是一个很好的体现，如图 3-1-21 所示。

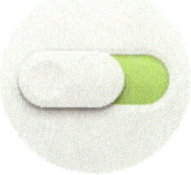

Notes　　　　　Voice Memos　　　　　Settings　　　　　Group

图 3-1-21　重点突出的图标

6）图标设计要随时保持创新的状态。想让自己的设计在众多图标中脱颖而出，除了不断学习和积累外，更要勇于尝试和创新，学会运用简单的概念和元素不断进行变化和组合，如图 3-1-22 所示。

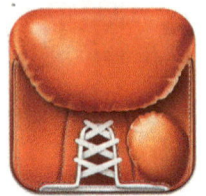  

图 3-1-22 创新图标

3．UI 图标设计技巧

（1）通过形状图层来绘制矢量图标

1）前景色选择黑色，前景选择的颜色就是绘制出形状图层的颜色。

2）工具模式选择路径，一定要选择路径，而不是形状，因为直接生成的形状黑乎乎一大片，非常不利于二次编辑路径。

3）形状属性面板中可以设置圆角，如图 3-1-23 所示。

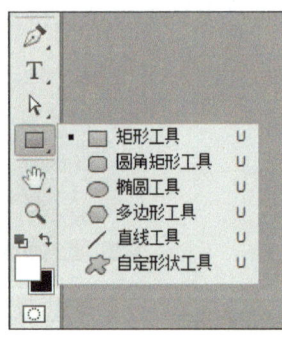 

图 3-1-23 形状图层绘制

（2）自定义形状工具

Photoshop 软件内置了非常多的形状，很多基础图形不需要自己绘制，直接使用相应的图形即可。首先新建一个图层，然后使用多边形工具，选择三边，然后用形状图层工具绘制一个三角形，如图 3-1-24 所示。

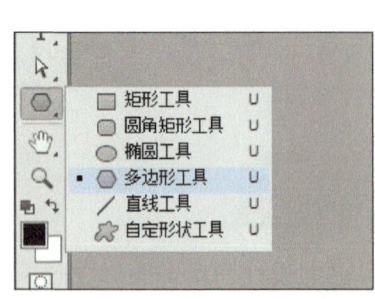 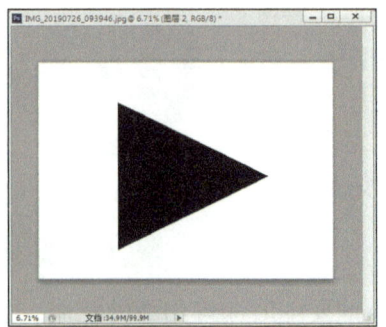

图 3-1-24 自定义形状工具

学习单元 3　UI 图标设计

(3) 布尔运算

一些复杂的图形，都是靠各种图形相加相减得到的。所以需要灵活运用布尔运算工具，来达到组合最终图形的目的。按住 <Ctrl> 键的同时选中图层形状 1、形状 2，按组合键 <Ctrl+E> 合并两个路径，通过合并得到一个新的图形。菜单顶部有路径组合工具，可以尝试不同的路径组合，体会不同路径组合布尔运算的效果，如图 3-1-25 所示。

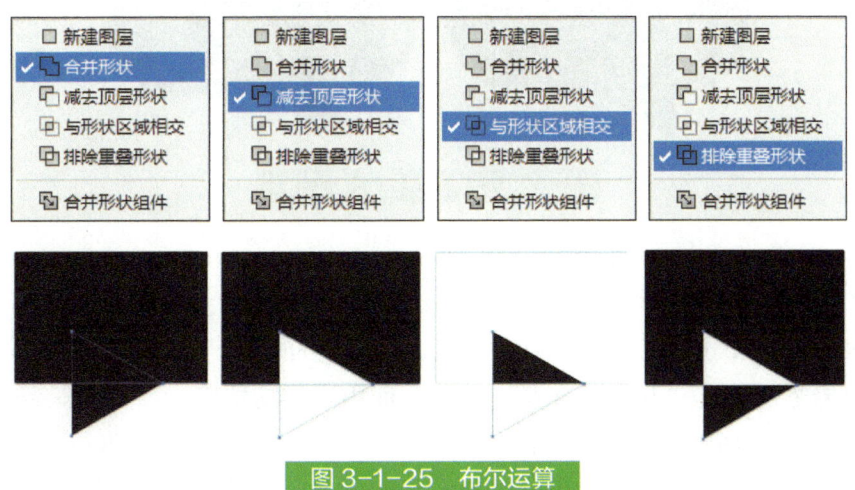

图 3-1-25　布尔运算

(4) 分层绘制

很多复杂的基本型不要在一个图层上绘制，可以分层绘制，通过各个图层的分别绘制，最终整体合并。新建图层，画三个圆形矢量图形。新建一个图层，绘制圆角矩形。选中圆圈图形的图层按组合键 <Ctrl+C>，在圆角矩形层上按组合键 <Ctrl+V>，圆圈路径粘贴在圆角矩形图层上，如图 3-1-26 所示。

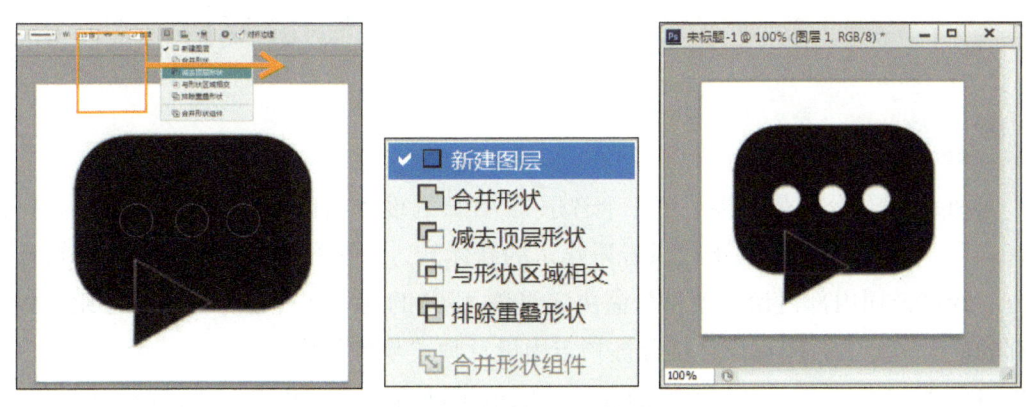

图 3-1-26　分层绘制

(5) 路径选择工具

当编辑图标中具有许多复杂路径的时候，想要快速选中某个路径，可使用路径选择工具。黑色箭头可以选中全部路径，白色箭头可以选中局部路径，如图 3-1-27 所示。

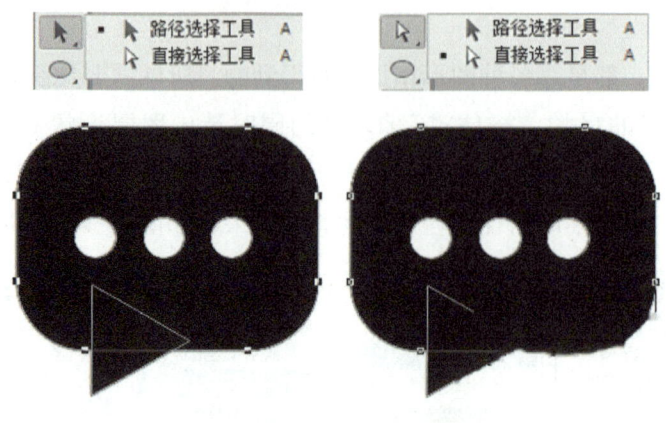

图 3-1-27 路径选择工具

任务拓展

1）收集各类 APP 页面内真实图标的样式，以三个为一组，共收集五组。

2）使用铅笔来完成"万能记事本"APP 页面内真实功能图标的绘制，参考图标如图 3-1-28 所示。

3）公司近期承接"视频美拍"的视频类 APP 的设计项目。"视频美拍"是一款视频播放的视频类 APP，此款 APP 的特点是"秀出自我，美颜直播，附近交友"。风格要求抽象化，内容大体分为首页、我的视频、美拍几个模块。

图 3-1-28 参考图标

请根据项目需求，收集同类型 APP 图标并进行分析，并设计"视频美拍"的抽象化图标。

任务2 "酷我回声"图标设计

任务描述

E-design 设计公司最近接手了一个音乐类 APP 的设计项目，名为"酷我回声——潮流生活音乐"。这款 APP 专注于提供音乐娱乐的新体验，并声称是近千万年轻人一起玩音乐的地方。经过公司内部讨论，项目总监决定将该 APP 的元素制作任务交给 β 小组。经过小组内部的讨论和分工，图标设计部分被指定由设计师"梦梦"负责。

项目经理首先定义了本次项目的要求，明确了项目风格，也对同类产品的图标设计进行了分析，明确了图标设计时要注意以下设计要点。

1）表意清晰。

2）一致性强。

3）易于扩展。

4）图形清晰且有吸引力。

在了解项目的需求后，可以根据定义（类型、尺寸、风格等）、提炼（关键词及特征）、绘制（草图与矢量稿）、调整（细节与整体平衡）四个步骤来完成该项目的图标制作，如图3-2-1所示。

图3-2-1 设计步骤

任务实施

1. 设计前期准备

（1）定义图标

图标是界面中的一部分，所以在进行设计的时候，必须先考虑图标的使用场景，根据场景、功能去定义图标的样式、尺寸等；也可以先挑选界面中几个主要图标进行设计，再进行系列的扩展，如图3-2-2所示。

图3-2-2 界面图标应用

图形样式是图标向用户传达品牌信息及产品调性的重要部分。尽管有非常多流行的样式可以参考，但保持产品品牌的一致性越来越成为硬性要求。所以在定义图标样式时必须结合产品定位，设计出符合品牌调性和产品特性的图形样式。

(2) 提炼关键信息

图标设计应追求简洁与易于识别，因此需要提炼关键词形象，挖掘其核心且易于识别的特征。这意味着设计师需要具备敏锐的洞察力和精湛的技巧，以便从关键词中提取出最具代表性、直观且易于认知的形象元素。同时，对于形象的表达，应追求简洁明了，避免过于复杂或抽象，以免用户在认知过程中产生困惑。通过深入挖掘形象的核心特征，并对其进行简洁而有效的表达，设计师可以创造出具有吸引力、易于理解和记忆的图标，为用户提供清晰而直观的视觉引导，如图3-2-3所示。

图 3-2-3　提炼关键信息

(3) 创意构思，绘制设计草图

在提炼出核心特征后，设计师可以在纸上绘制草图，以尝试不同的特征和细节组合所呈现的效果。草图不需要过于精美，但要能够快速地表达设计想法和概念。通过在纸上进行草图绘制，设计师可以更加自由地尝试不同的组合和布局，更快地发现并解决问题，同时更好地掌握每一个元素的定位和摆放。草图可以帮助设计师在早期阶段捕捉灵感，并在进行更深入的设计之前，对设计概念进行初步的评估和调整。这有助于减少后期修改和返工的时间和精力，提高设计效率和设计质量，如图3-2-4所示。

图 3-2-4　绘制设计草图

通过上面三个步骤把单个图标设计好后，还需要把图标运用到实际界面上，对比效果，看能不能符合图标设计要点。确定后再对系列图标进行扩展、调整和检查，直到整体能够达到视觉平衡。最后的阶段更需要我们的耐心和细心调整，以达到更好的效果，如图3-2-5所示。

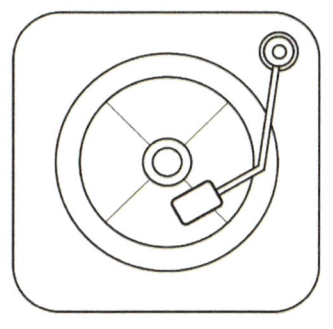 

图3-2-5　确定设计方案

2．实体主屏幕图标

（1）常规参数设置

❶ 新建文档。启动Photoshop软件，打开新建对话框，设置宽度为400像素，高度为400像素，分辨率为72像素/英寸，颜色模式为RGB颜色，如图3-2-6所示。

❷ 设置标尺单位。在菜单下的"编辑"命令下找到"首选项"中的"单位与标尺"，会弹出"首选项"对话框，在"单位"中设置"标尺"单位为"像素"，单击"确定"按钮，如图3-2-7所示。

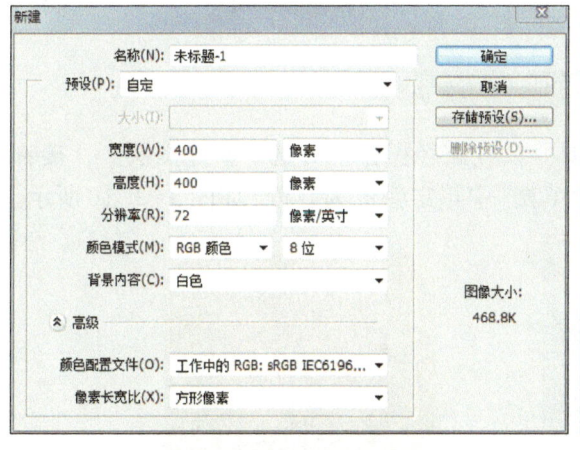 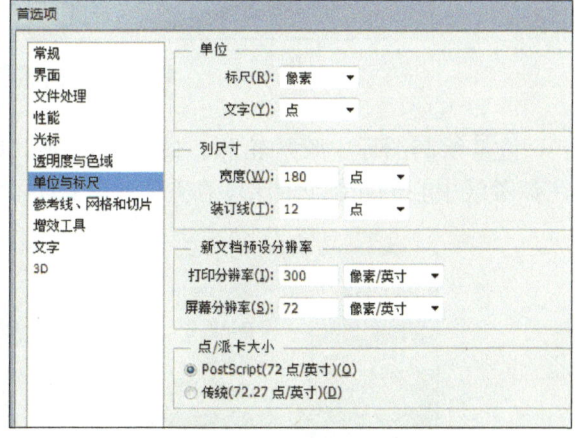

图3-2-6　新建文档　　　　　　　　图3-2-7　设置标尺单位

❸ 设置参考线。首先在菜单下的"视图"命令下找到"标尺"并单击，在视图区左侧和上方会出现标尺；接着在菜单下"视图"命令下找到"新建参考线"，垂直方向输入：72px、107px、127px、200px、273px、293px、328px，水平方向输入：72px、107px、127px、200px、273px、293px、328px，如图3-2-8所示。

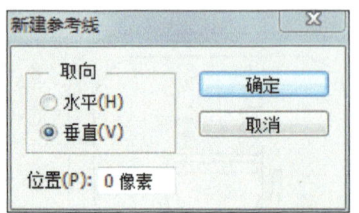

图 3-2-8　设置参考线

（2）图标绘制

1 绘制图标轮廓。使用"圆角矩形工具"，设置半径为 40 像素，在"设置形状类型填充"中指定颜色，如图 3-2-9 所示。

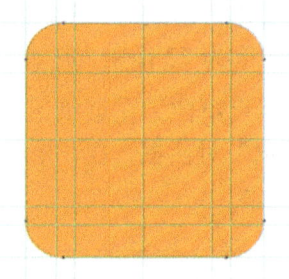

图 3-2-9　绘制图标轮廓

2 绘制图标中胶片轮廓。使用"椭圆工具"，在路径操作中勾选"新建图层"，接着在参考线中心创建圆状图形，在"设置形状类型填充"中指定颜色为红橙，如图 3-2-10 所示。

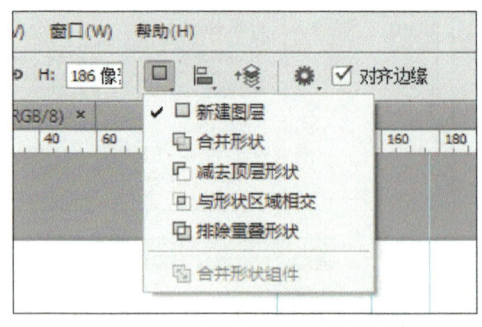
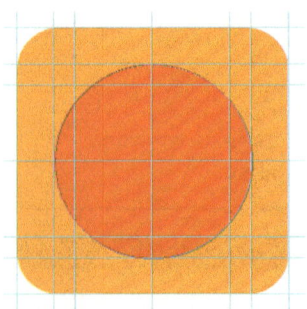

图 3-2-10　绘制图标中胶片轮廓

3 绘制胶片细节。使用"椭圆工具"，在参考线中心按住 <Alt> 键，沿参考线中心创建圆状图形，在"设置形状类型填充"中指定颜色为深黑冷褐，如图 3-2-11 所示。

4 绘制胶片中心。使用"椭圆工具",在参考线中心按住<Alt>键,沿参考线中心创建圆状图形,调整图形大小后,在"设置形状类型填充"中指定颜色为黑暖褐;接着继续使用"椭圆工具"在参考线中心按住<Alt>键,沿参考线中心创建圆状图形,调整图形大小后,在"设置形状类型填充"中指定颜色,如图3-2-12所示。

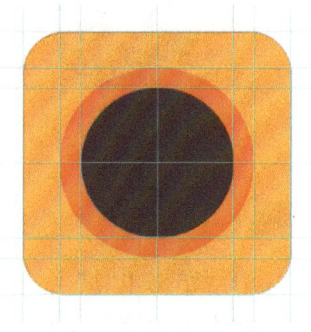

图3-2-11 绘制胶片细节

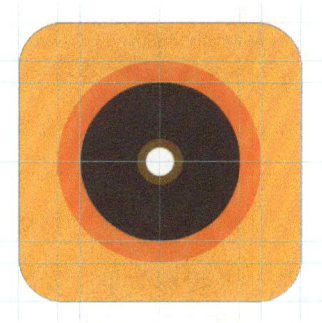

图3-2-12 绘制胶片中心

5 绘制胶片指针轴点。首先使用"椭圆工具"在参考线右上方创建圆状图形,调整图形大小后,在设置形状类型填充中指定颜色;接着再重复两次同样的操作,完成胶片指针轴点的制作,如图3-2-13所示。

6 绘制胶片指针。首先使用"直线工具"设置"粗细"为7个像素,沿右下方创建图形,调整图形大小后,在设置形状类型填充中指定颜色;接着再使用"圆角矩形工具"设置"半径"为5个像素,调整图形大小及方向后,在设置形状类型填充中指定颜色,完成胶片指针的制作,如图3-2-14所示。

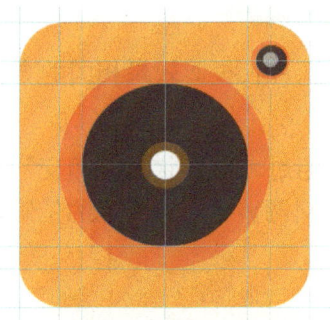

图3-2-13 绘制胶片指针轴点

图3-2-14 绘制胶片指针

(3)最终效果调整

1 制作胶片反光。首先将胶片图形中黑色的圆形图形复制一个,设置形状类型填充中指定颜色为80%灰;接着在"选项栏"中的路径操作中选择"与形状区域相交",如图3-2-15所示。最后选择"矩形工具"沿圆形中心拖出与圆相交的$\frac{1}{4}$大小矩形,绘制出其中一块反光。再以此重复之前的操作,完成胶片反光的制作。

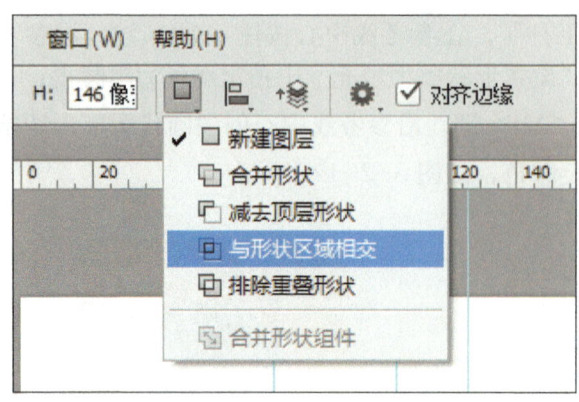 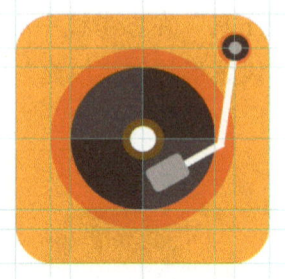

图 3-2-15 制作胶片反光

2 制作胶片长投影效果。复制一个图标轮廓图层,选中"矩形工具",在路径操作中勾选"与形状区域相交",再拖拽出一个矩形,在"设置形状类型填充"中指定颜色,接着使用"直接选择工具"拖动矩形的锚点,完成效果如图 3-2-16 所示。

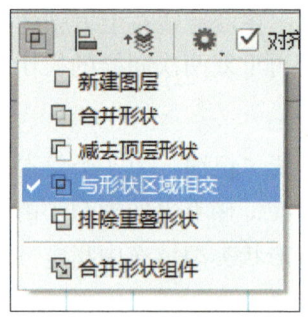 

图 3-2-16 制作胶片长投影效果

3 制作胶片指针轴长投影效果。使用与之前制作胶片长投影效果相同的方法,制作胶片指针轴长投影,完成效果如图 3-2-17 所示。

4 调整最后效果。首先使用与之前相同的方法,通过"与形状区域相交"命令完成胶片指针轴反光效果制作;接着使用"自由变换"命令分别调整各部分反光的位置,完成效果如图 3-2-18 所示。

图 3-2-17 制作胶片指针轴长投影效果　　图 3-2-18 调整最后效果

5 最终效果。为背景填充颜色，将视图中的辅助线去除，接着按要求绘制完成其他图标，最终完成效果如图 3-2-19 所示。

图 3-2-19　最终效果

3．线性标签栏图标

（1）绘制图标框架

1 新建文档。启动 Illustrator 软件，打开新建对话框，设置宽度为 60 像素，高度为 60 像素，分辨率为 300 像素/英寸，颜色模式为 CMYK，如图 3-2-20 所示。

2 设置参考线及网格。在菜单中的"编辑"命令下找到"首选项"中的"参考线和网格"，会弹出"首选项"对话框，在网格中设置网格线间隔为 32px，次分隔线为 32，单击"确定"按钮，如图 3-2-21 所示。接着在菜单中"视图"命令下勾选"显示网格"，快捷键为 <Ctrl+"">。

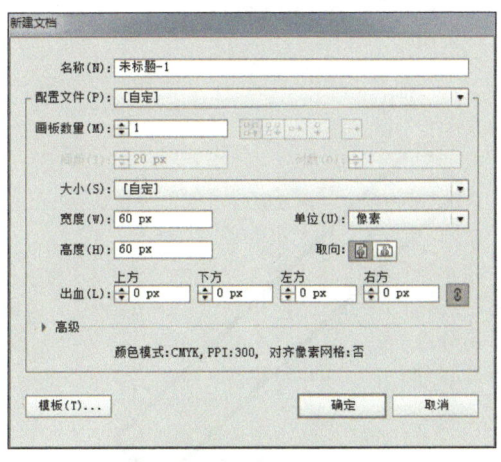

图 3-2-20　新建文档

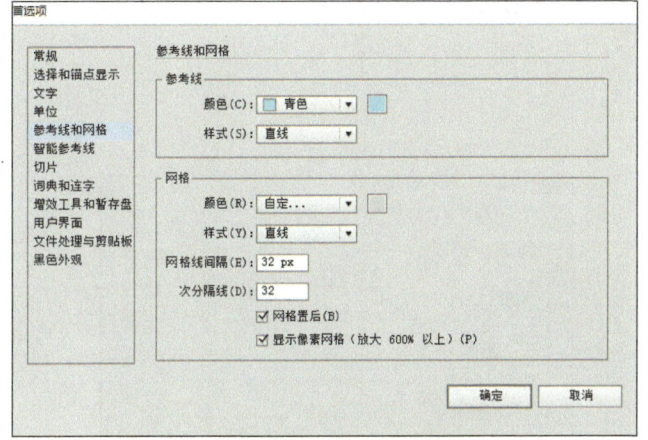

图 3-2-21　设置参考线及网格

（2）绘制"工具"图标

1 创建基本图形。设置填充颜色为无，描边颜色为黑，描边大小为 0.5pt；接着使用"矩形工具",双击视图区会弹出"矩形"对话框,设置宽度为 6px,高度为 40px,如图 3-2-22 所示。

图 3-2-22 创建基本图形

2 创建工具图标图形。右击并在弹出的对话框中找到"变换"命令下的"旋转",弹出"旋转"对话框,设置角度为 45°,单击复制按钮,如图 3-2-23 所示。

3 细化工具图标轮廓。右击并在弹出的对话框中找到"变换"命令下的"在此变换",快捷键为 <Ctrl+D>;接着重复多次该操作,得到效果如图 3-2-24 所示。

4 完成工具图标轮廓。使用"圆形工具",双击视图区会弹出"椭圆"对话框,设置宽度为 32px,高度为 32px,并将圆形放置在图形中心,如图 3-2-25 所示。

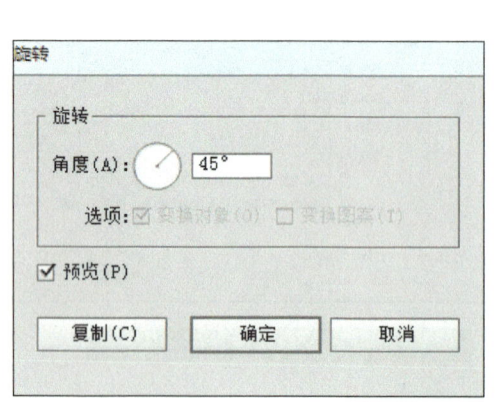
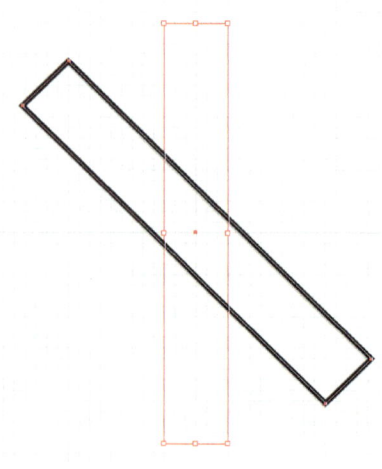

图 3-2-23 创建工具图标图形

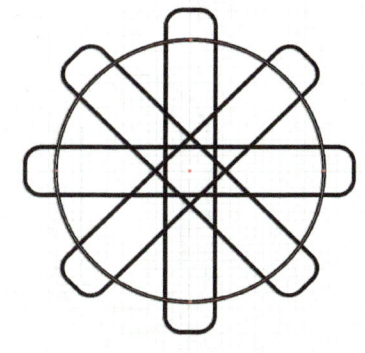
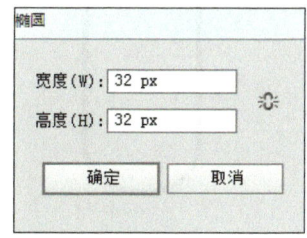

图 3-2-24 细化工具图标轮廓　　　　图 3-2-25 完成工具图标轮廓

5 完成工具图标外形。将所有图形选中,使用"路径查找器"中的"形状模式"下的"联集",如图 3-2-26 所示。

6 细化基本图形。在菜单中的"效果"命令中选择"风格化"中的"圆角",会弹出"圆角"对话框,设置圆角半径为 2px,如图 3-2-27 所示。

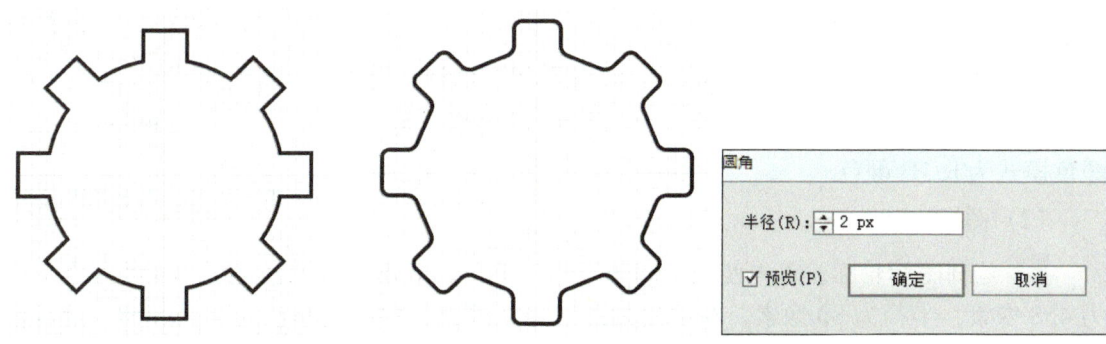

图 3-2-26 完成工具图标外形　　　　图 3-2-27 细化基本图形

7 完成图标。使用"圆形工具"创建一个圆形,接着使用"钢笔工具"中的"添加锚点工具",在圆形的右上方分别添加两个锚点,最后使用"直接选择工具"将中间的线段选中,按 <Delete> 键将其删除,最终效果如图 3-2-28 所示。

(3) 绘制"话筒"图标

1 创建基本图形。设置填充颜色为无,描边颜色为黑,描边大小为 0.5pt;接着使用"圆角矩形工具",创建一个圆角矩形图形,如图 3-2-29 所示。

2 细化基本图形。使用"圆角矩形工具",创建一个较大的圆角矩形图形,图形的中心点垂直中心线上,如图 3-2-30 所示。

3 调整基本图形。使用"直接选择工具",选中圆角矩形图形上部的线段,按

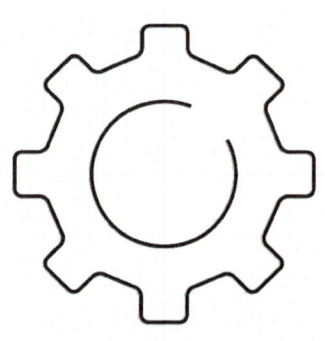

图 3-2-28 完成图标

<Delete>键将其删除，如图 3-2-31 所示。

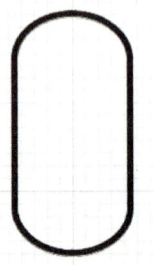 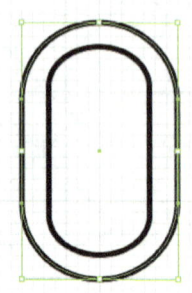 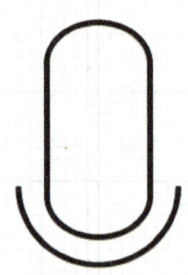

图 3-2-29　创建基本图形　　　图 3-2-30　细化基本图形　　　图 3-2-31　调整基本图形

4 完成图形。使用"直线工具"，分别在图形上添加相应的元素，绘制时要让图形的中心点垂直中心线上，完成效果如图 3-2-32 所示。

4．拟物化 APP Store 图标

（1）设置常规参数

新建文档。启动 Photoshop 软件，打开新建对话框，设置宽度为 800 像素，高度为 800 像素，分辨率为 72 像素/英寸，颜色模式为 RGB 颜色。

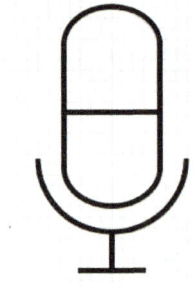

图 3-2-32　完成图形

（2）图标绘制

1 绘制图标轮廓。首先使用"圆角矩形工具"，双击并设置其宽度为 458 像素、高度为 458 像素、半径为 80 像素，在"设置形状类型填充"中指定颜色为 #e8e8e8；接着使用图层样式中的投影，设置不透明度为 22%、角度为 90°、距离为 9 像素、扩展为 0、大小为 13 像素，如图 3-2-33 所示。

图 3-2-33　绘制图标轮廓

2 绘制图标线框轮廓。首先复制一个图标轮廓图层，再使用路径变形工具中的缩放命令，在保持长宽比的状态下缩小 90%；接着再复制一个图形，设置路径操作为减去顶层图

形，然后使用自由变换工具将其沿中心缩小至合适大小；最后使用图层样式中的颜色叠加和内阴影效果，设置颜色叠加中的颜色为#ff9600、不透明度为100%，内阴影中不透明度为40%、角度为90°、距离为20像素、扩展为0、大小为30像素，如图3-2-34所示。

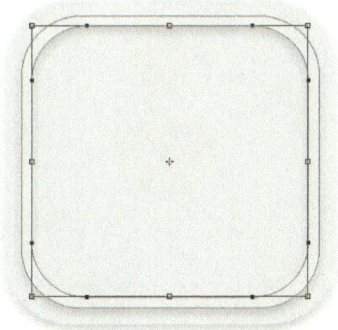 

图3-2-34　绘制图标线框轮廓

3 绘制话筒。首先使用"椭圆工具"设置半径为80像素，拖拽出话筒的外形，随后再使用"椭圆工具"，设置路径操作为"减去顶层图形"，拖拽出与外形轮廓相减的形状；接着将相减的图形复制多个，在复制图形的过程中要注意图形的对齐关系，如图3-2-35所示；最后使用图层样式中的颜色叠加、内阴影和投影效果，设置颜色叠加中的颜色为#ff9400、不透明度为100%，内阴影中不透明度为15%、角度为90°、距离为15像素、扩展为0、大小为27像素，投影中不透明度为22%、角度为90°、距离为4像素、扩展为0、大小为2像素，效果如图3-2-36所示。

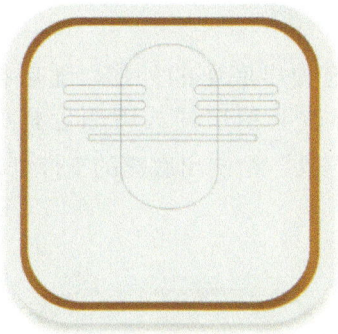 

图3-2-35　绘制话筒轮廓　　　　图3-2-36　绘制话筒轮廓效果

4 细化话筒效果。首先将话筒图形复制一个，随后将两侧相减的椭圆图形删除；接着使用直接选择工具将中间矩形的顶边移动至复制的话筒图形上方，如图3-2-37所示；最后将图层置于话筒层下方并调整其位置，修改其图层样式中颜色叠加的颜色为#c77400、不透明度为100%，效果如图3-2-38所示。

5 绘制话筒柄。首先使用"椭圆工具"，设置半径为80像素，拖拽出话筒的外形，再设置路径操作为"减去顶层图形",然后继续拖拽出与外形轮廓相减的形状,随后使用"矩形工具"再减去顶层图形,设置形状填充颜色为#f39700;接着将图层复制一个,后置于话筒柄图层下方并调整其位置,修改其图层样式中颜色叠加的颜色为#c77400,效果如图3-2-39所示。

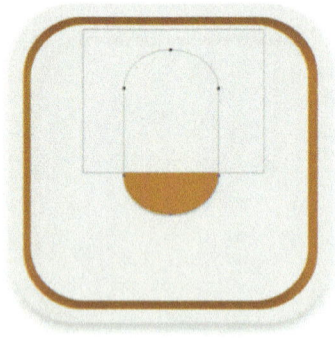

图 3-2-37 绘制话筒细节

图 3-2-38 细化话筒效果

图 3-2-39 绘制话筒柄

6 绘制话筒底座。首先使用"椭圆工具",拖拽出底座的外形,随后将图层复制一个并置于话筒底座图层下方,调整其位置,再修改其图层样式中颜色叠加的颜色为#c77400,效果如图3-2-40所示;接着使用"矩形工具"绘制出底座的支撑杆,设置形状填充颜色为#f39700,效果如图3-2-41所示。

图 3-2-40 绘制话筒底座

图 3-2-41 完成话筒底座

7 绘制话筒金属边。首先使用"矩形工具",拖拽出话筒金属边缘的外形,设置形状填充为渐变,指定渐变样式为线性,颜色为#969696、#c4c4c4、#969696,再使用图层样式中的投影,设置不透明度为20%、角度为90°、距离为4像素、扩展为0、大小为5像素,效果如图3-2-42所示;接着使用相同的方法制作出话筒柄两端的金属装饰效果,效果如图3-2-43所示。

图 3-2-42　绘制金属细节1

图 3-2-43　绘制金属细节2

8 完成效果。为背景填充颜色,将视图中的辅助线去除,接着按要求绘制完成其他图标,最终完成效果如图3-2-44所示。

图 3-2-44　最终完成效果

必备知识

1. 图标设计常识

1)图标绘制格式。

在使用Photoshop工具绘制图标时,要使用"形状工具"绘制矢量格式,不要转换成位图或智能对象格式,这样能有效避免拉伸或切图过程中导致边缘模糊,如图3-2-45所示。

图 3-2-45 位图与智能对象

2）图标尺寸使用偶数，要避免奇数的使用。

图标大多数采用偶数主要是为了适配不同分辨率，比如安卓的各 dpi 尺寸和 iOS 的视网膜屏和非视网膜屏。如果图标为奇数，缩小一半之后会出现小数点，图标也就模糊了。

3）图标状态要有所区分。

每个按钮都有四种状态：默认、按下、选中、不可选，至少考虑"默认"和"选中"两种状态，如图 3-2-46 所示。

图 3-2-46 按钮状态

4）可单击的部件与屏幕的四周要保持一定的距离，通常会控制在 20～30px 之间。

2．设计规范

图标设计的规范涵盖颜色、符号的表达、线条的运用等。当整个设计系统还没建立图标库时，应选择比较保守的做法，将设计系统会影响到的层面抽离本次建立的图标规范。

（1）图标类型：线型、面型

因为某些特殊场景的需要，有些图标提供面型、线型 2 种样式，如提示信息图标；有些图标只有线型一种，如常用图标，如图 3-2-47 所示。

图 3-2-47 图标类型

（2）图标的圆角半径

有的边角是直角 90°型，有的边角是圆角弧度型，并且弧度大小不一样，如图 3-2-48 所示。

图 3-2-48　图标的圆角半径

（3）图标大小及外框大小

图标外框大小统一样例大小，1024px×1024px。圆形图标直径为 896px，长方形长宽为 896px×830px，正方形边长为 830px，如图 3-2-49 所示。

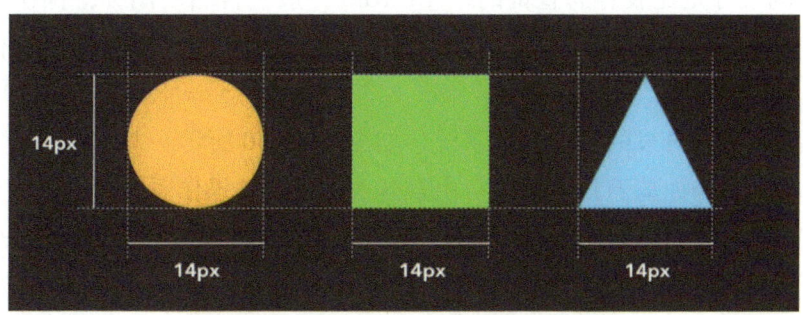

图 3-2-49　图标的大小及外框大小

（4）点、线的大小

主要构图的线条宽度为 64px，图标内部细节的线条宽度为 52px。细节元素如圆点和正方形，用 90px 作为直径或边长。

（5）图标颜色

图标颜色统一为 #000000。

（6）图标命名规则

在图标命名体系中，保持一致性和可预测性是非常重要的。例如，命名规则如下：

[icon 名]–[形状可选]–[描线与否]–[方向可选]

icon 名：图标的基本名称，用于描述图标的主体内容或功能。例如，"question-circle"中的"question"就是 icon 名。

形状可选：并非所有图标都需要指明形状。但是，如果图标确实具有特定的形状（如圆形、方形等），并且这种形状对于区分图标很重要，那么可以包含这部分。

描线与否：使用"-o"来表示描线图标是一个简单且有效的方法，可以很容易地区分实心和描线图标。确保在实心和描线图标之间保持一致的命名，只是在名称的末尾添加或省略"-o"。

方向可选：如果图标具有方向性（如箭头、指示器等），并且方向对于区分图标很重要，那么可以包含这部分。方向的描述可以是"up""down""left""right"等，具体取决于图标的方向。以下是一些具体的例子。

基本实心图标：question-circle。

对应的描线图标：question-circle-o。

带有方向的图标（假设是一个向右的箭头）：arrow-right、arrow-right-o（描线版本）。

带有形状的图标（假设是一个方形的"ok"图标）：ok-square、ok-square-o（描线版本）。

3. 设计尺寸

APP 图标的尺寸是比较容易查询的，Android 一般包含启动图标、操作栏图标、上下文图标等；苹果一般包含 APP Store、程序位用、主屏幕、Spotlight 搜索、标签栏、导航栏等。

1）iOS：苹果公司开发的移动操作系统，如图 3-2-50 所示。

2）Android：是一种基于 Linux 的自由及开放源代码的操作系统，主要用于移动设备，如智能手机和平板计算机，由 Google 公司和开放手机联盟领导及开发，如图 3-2-51 所示。

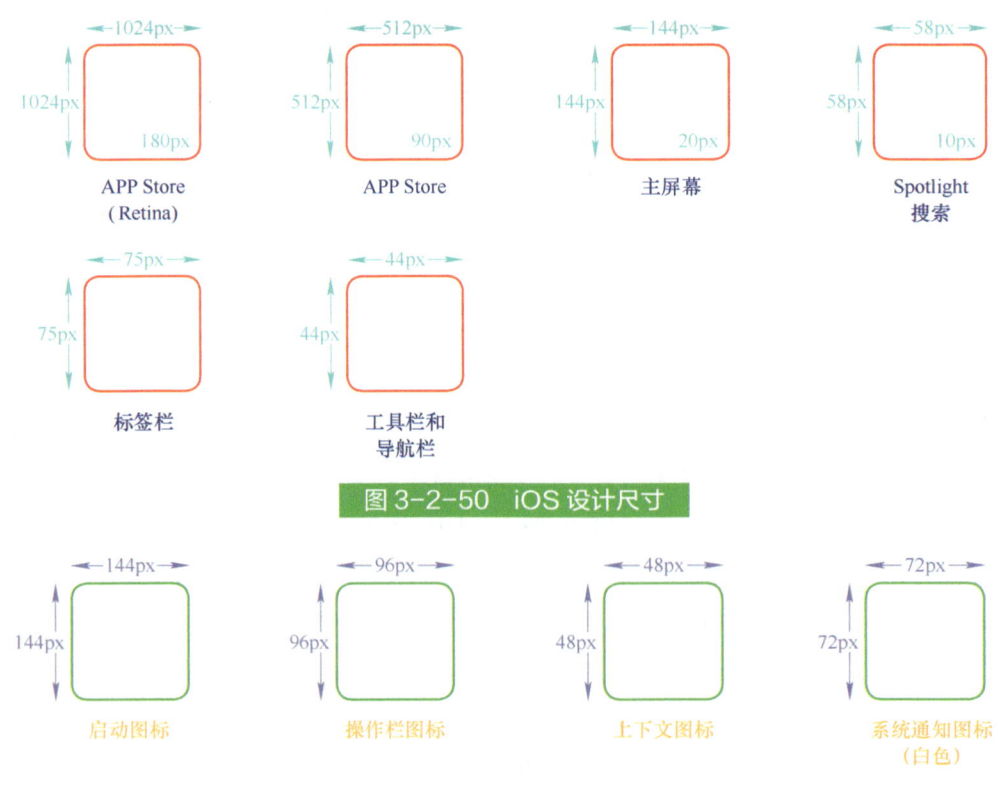

图 3-2-50　iOS 设计尺寸

图 3-2-51　Android 设计尺寸

dpi：每英寸的像素，也叫屏幕密度。这个值越大，屏幕越清晰。

分辨率：横纵两个方向的像素点的数量。屏幕尺寸一样的情况下，分辨率越高，显示效果就越精细。

屏幕尺寸：屏幕对角线的长度，常见 iPhone 尺寸如图 3-2-52 所示。

图 3-2-52　常见 iPhone 尺寸

ppi：像素密度，即每英寸所拥有的像素数目。

px：pixel，像素，电子屏幕上组成一幅图画或照片的最基本单元。

pt：point，点，印刷行业常用单位，等于 1/72 英寸。

ppi：pixel per inch，每英寸像素数，该值越高，则屏幕越细腻。

dpi：dot per inch，每英寸多少点，该值越高，则图片越细腻。

dp：dip，Density-independent pixel，是 Android 开发用的长度单位，1dp 表示在屏幕像素点密度为 160ppi 时 1px 长度。

sp：scale-independent pixel，是 Android 开发用的字体大小单位。

4．图标栅格系统

在图标设计中都会使用统一的系统图标栅格系统。iOS 的应用图标是放在手机屏幕上的，每一个图标都必须要有一个圆角的正方形作为图标背景板，这个背景板是为了统一应用图标的外形而设定的。而系统图标就是图标本身，不需要任何的背景板。因此系统图标的栅格系统可以直接沿用应用图标内圆部分的栅格比例作为系统图标的栅格系统，也就是这部分的比例关系。8a/(8a-3a)=1.6,小圆与大正方形接近黄金比;7a/4.25a≈1.647,中圆与大圆接近黄金比;4.25a/3a≈1.417,中圆与小圆比例接近$\sqrt{2}$,如图 3-2-53 所示。

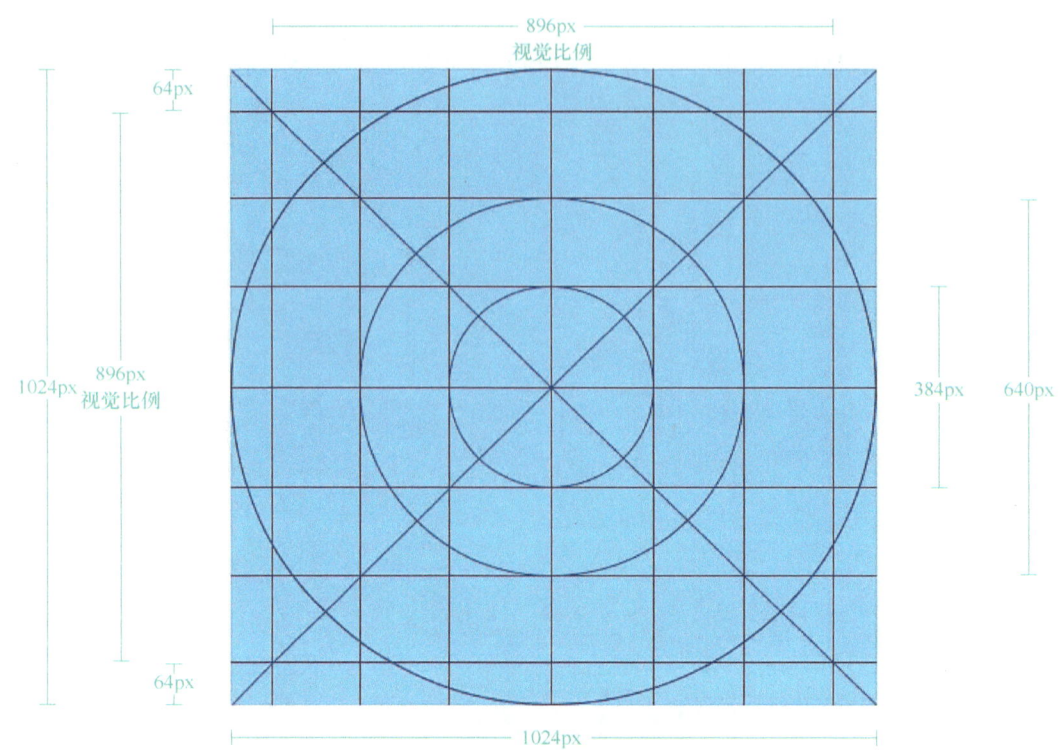

图 3-2-53　图标栅格系统

系统图标的造型多样,但是在其看似复杂的造型背后,可以把系统图标概括为四种基本型:圆形图标、方形图标、竖长形图标和横长形图标,如图 3-2-54 所示。

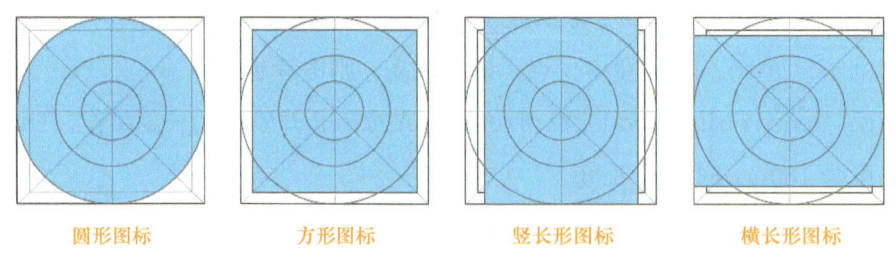

图 3-2-54　系统图标类型

如果按照图标的实际尺寸设计图标的话,会出现图标视觉大小不统一的问题。两个图形的视觉大小是否一致,是由两个图形的面积是否相同决定的。也就是说,只要能够保证两个图形的面积基本相同,那么就能保证两个图像的视觉大小基本一致。这就是要制定系统图标栅格系统的原因,视觉统一图标如图 3-2-55 所示。

学习单元 3　UI 图标设计

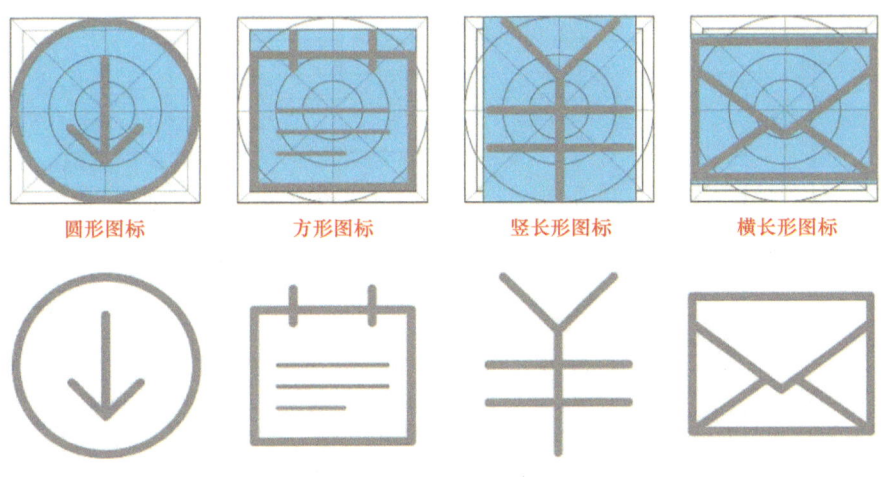

图 3-2-55　视觉统一图标

视觉比例保持一致的栅格范例具体如下。

圆形图标的视觉张力较小，所以撑满整个栅格，如图 3-2-56 所示。

方形图标的视觉张力较大，所以适当缩小面积，如图 3-2-57 所示。

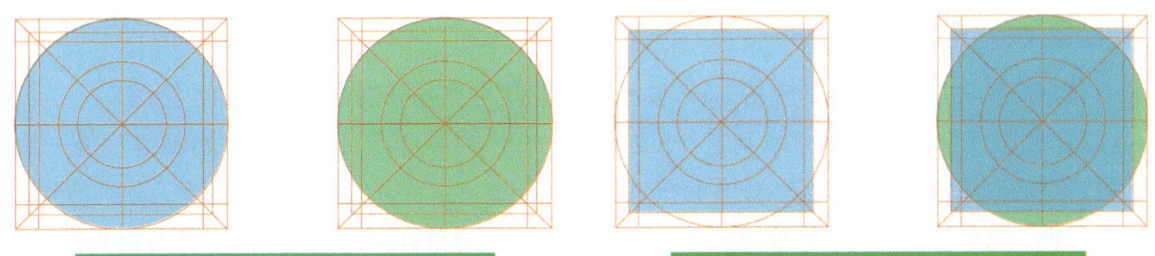

图 3-2-56　圆形图标的视觉张力　　　　图 3-2-57　方形图标的视觉张力

竖长形图标一般上下撑满栅格，左右留出间距（间距根据视觉比例调整），如图 3-2-58 所示。

横长形图标一般左右撑满栅格，上下留出间距（间距根据视觉比例调整），如图 3-2-59 所示。

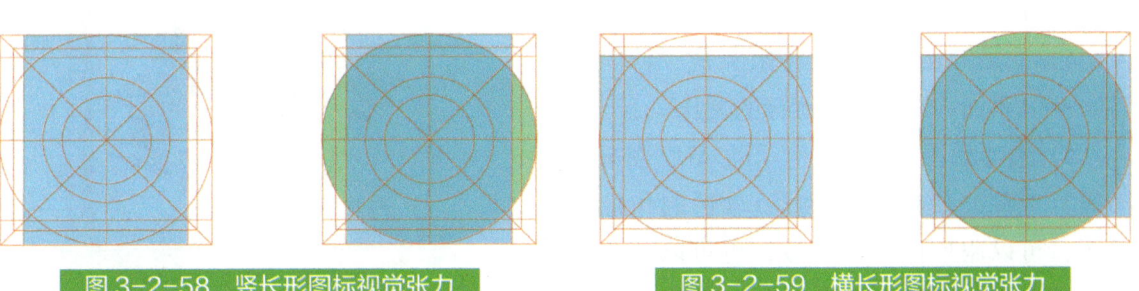

图 3-2-58　竖长形图标视觉张力　　　　图 3-2-59　横长形图标视觉张力

iOS 系统图标栅格系统如图 3-2-60 所示。

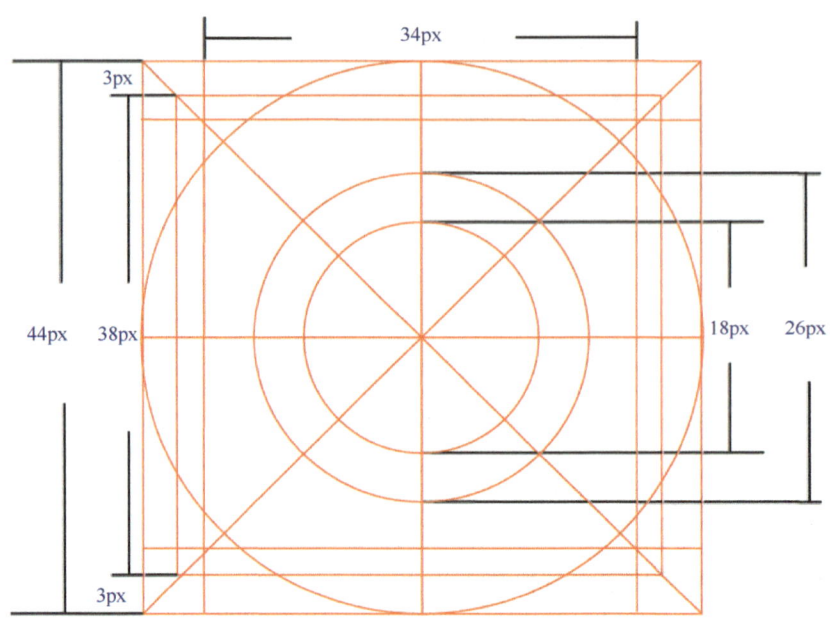

图 3-2-60 iOS 系统图标栅格系统

任务拓展

1）打开手机，挑选 6 个应用 APP 图标，观察其特点并分别绘制出设计手绘图。

2）公司近期承接"铃声滴滴答"的应用类 APP 的设计项目。"铃声滴滴答"是一款手机铃声的应用类 APP，此款 APP 的特点是"官方推荐、百万铃声；曲库最全、分类清晰；自己剪辑、风格炫酷"。风格要求扁平化，内容大体分为首页面、我的铃音、铃音设置向导、社区与粉丝等模块。

①请根据项目需求，收集同类型 APP 图标并进行分析；

②设计"铃声滴滴答"的图标；

③设计"铃声滴滴答"APP 页面内功能图标。

3）收集各类 APP 页面内线性图标的样式，以三个为一组，共收集五组。

4）使用 Illustrator 软件来完成"铃声滴滴答"APP 页面内线性功能图标的制作。

5）参考如图 3-2-61 所示的 APP 图标，画出设计草图并使用 Photoshop 软件制作最终效果图，可以跟原图保持一致，也可以在此基础上有所发挥，亦可以自行设计一款图书阅读类 APP 的图标。

图 3-2-61 参考图标

学习单元 3　UI 图标设计

任务 3　"平安好医生"动态图标设计

任务描述

E-design 设计公司近期承接了"平安好医生"的动态设计项目，它是一款生活类 APP，最大的特点是"专业医疗服务，为用户提供全方位的在线医疗咨询与健康咨询"，主要分为医生咨询、专家问诊、饮食健康、在线挂号、健康药店四个方面。设计风格要求清新，单击图标后会进入到程序的加载页面。经过例会讨论，项目总监将任务分配给 β 小组，由"梦梦"负责，助理设计师"欣欣"辅助"梦梦"完成该项目。

确定好风格和图标后，开始对每个图标制作动态效果，平安好医生 UI 设计图标如图 3-3-1 所示。

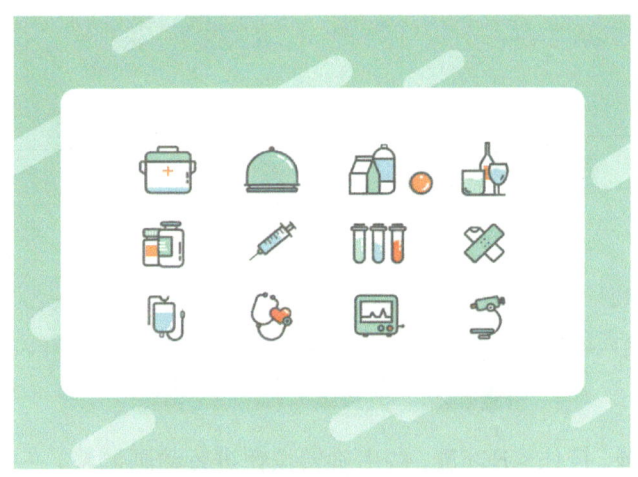

图 3-3-1　平安好医生 UI 设计图标

任务实施

1. 提示性图标

（1）打开文件

导入素材。把已做好图标的源文件放入 AE 软件里，将图层选项设定为"可编辑的图层样式"，双击图层，图层内会显示所有的源文件，如图 3-3-2 所示。

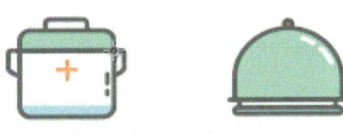

图 3-3-2　导入素材

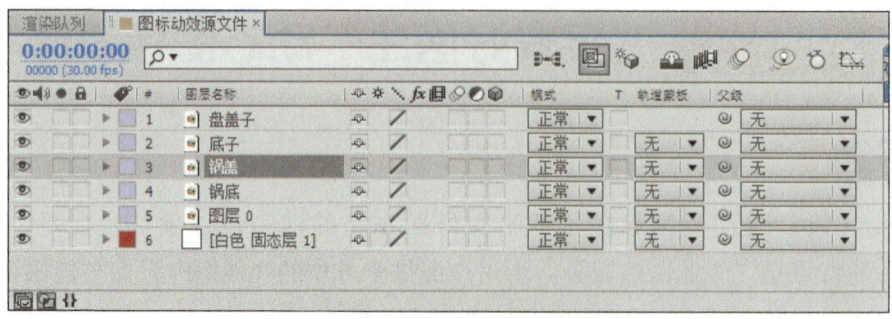

图 3-3-2 导入素材（续）

（2）制作锅的图标动画

❶ 调整锅盖中心位置。想好图标的动画轨迹，计划制作一个烧开水时锅盖弹起的效果。找到锅盖的图层，将中心移到右下角，方便制作锅盖弹起的效果，如图 3-3-3 所示。

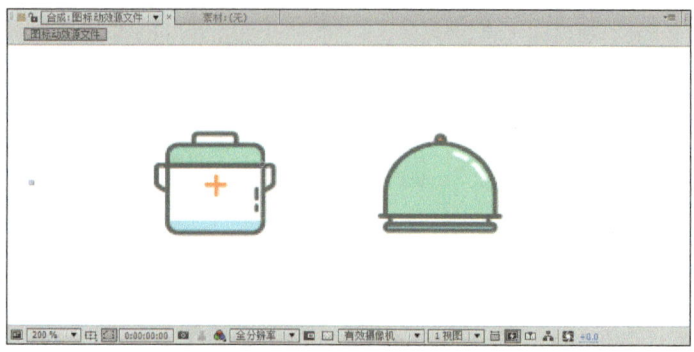

图 3-3-3 调整锅盖中心位置

❷ 制作锅盖动画。按住 <R> 键，调出旋转按钮进行动画调整，在第 5 帧时插入关键帧，滑到第 15 帧时，将旋转角度改为 19°，再次滑到 20 帧，将旋转角度改为 0°，如图 3-3-4 所示。

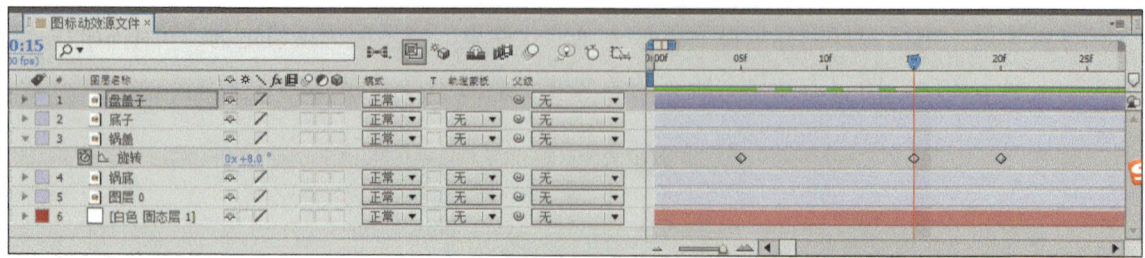

图 3-3-4 制作锅盖动画

3 调整动画效果。经过观察后,发现锅盖的动画效果比较僵硬,所以决定再多次循环,制作锅盖被蒸汽推起连续旋在空中的效果,在第 1 秒第 3 帧时插入关键帧,将角度调小,变为 11°,最后滑到第 1 秒第 6 帧时,将旋转角度改为初始角度 0°,为了让动态效果更加连贯,将所有帧选中,右击并选择"关键帧辅助"的"柔缓曲线",如图 3-3-5 所示。

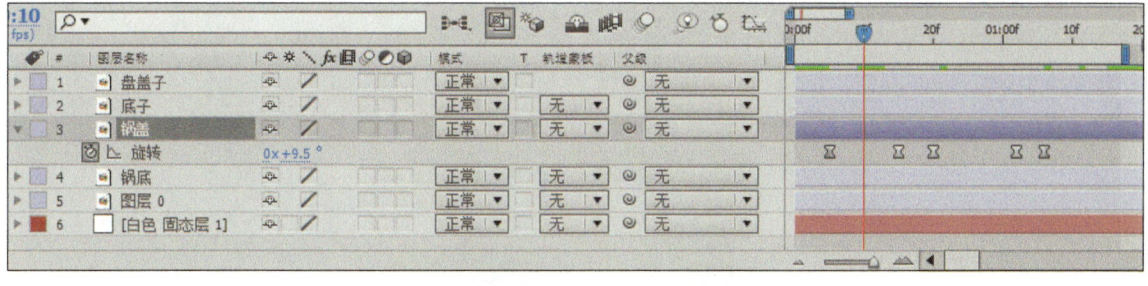

图 3-3-5　调整动画效果

(3) 制作餐盘的图标动画

1 调整餐盖中心位置。想好餐盘图标的动画轨迹,计划制作餐盖左右摇晃的效果。找到餐盖的图层,将中心移到正上方,如图 3-3-6 所示。

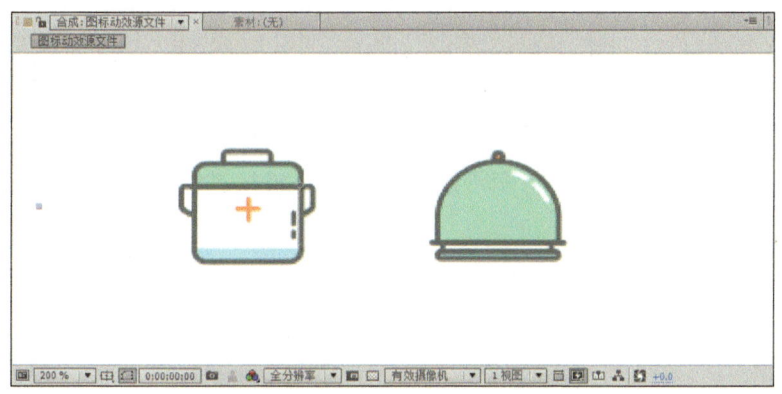

图 3-3-6　调整餐盖中心位置

2 调整餐盖动画。按住 <R> 键,调出旋转按钮进行动画调整,在第 4 帧时插入关键帧,滑到第 6 帧时,将旋转角度改为 4°,再次滑到第 8 帧,将旋转角度改为 -4°,如图 3-3-7 所示。

3 调整餐盖动画效果。经过观察可发现,餐盖动作不连贯,制作多次循环,为实现快速抖动的效果,将距离缩短,在第 12 帧时将关键帧改为 4°,将第 15 帧改为 -4°,将第 17 帧改为 4°,将第 20 帧改为 -4°,在最后收尾阶段将第 21 帧改为 -1°,将第 22 帧改为 0°。为了让动态效果更加连贯，将所有帧选中，右击并选择"关键帧辅助"的"柔缓曲线"，如图 3-3-8 所示。

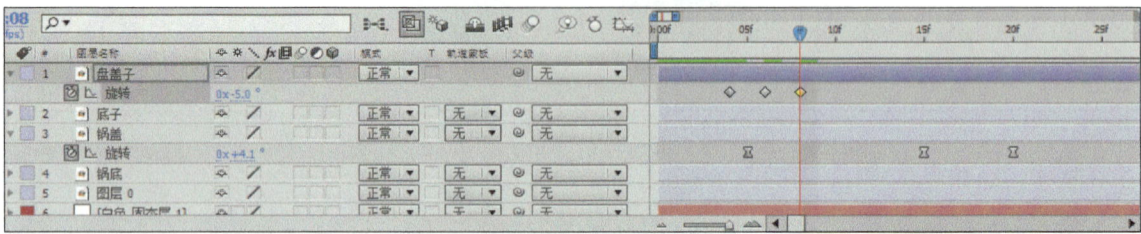

图 3-3-7　调整餐盖动画

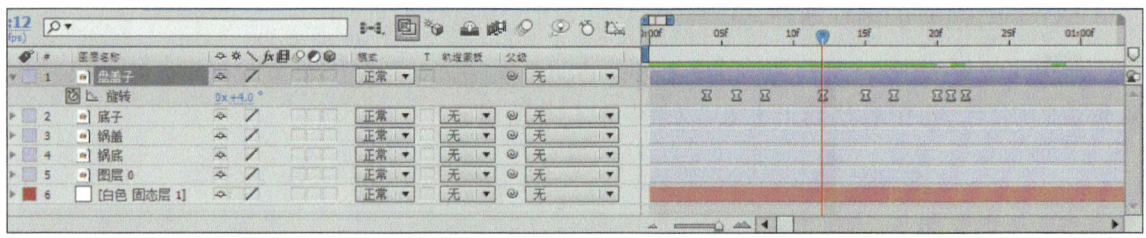

图 3-3-8　调整餐盖动画效果

4 添加餐盖循环运动效果。将刚刚制作的所有关键帧进行复制，在第 1 秒时粘贴出来，进行循环，如图 3-3-9 所示。

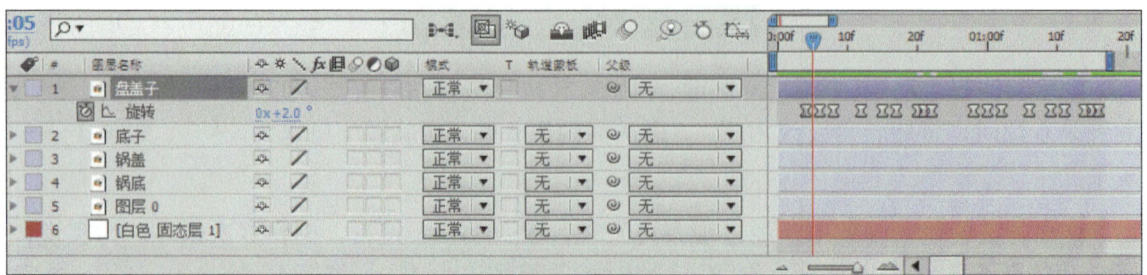

图 3-3-9　添加餐盖循环运动效果

(4)渲染效果

① 渲染效果。单击图像合成,将产品添加到渲染系列,调整好渲染路径,进行渲染,如图3-3-10所示。

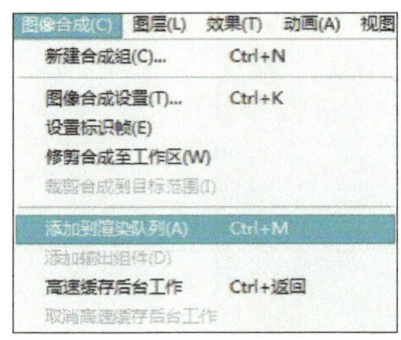

图3-3-10 渲染效果

② 最终效果。打开文件,观看最终效果,如图3-3-11所示。

图3-3-11 最终效果

2．指向性图标

(1)打开文件

导入素材。把已做好图标的源文件放入AE软件里,将图层选项设定为"可编辑的图层样式",双击图层,图层内会显示所有的源文件,如图3-3-12所示。

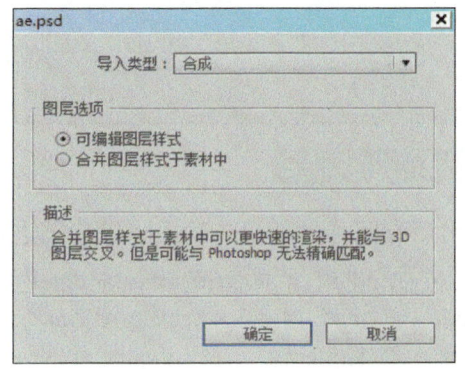

图3-3-12 导入素材

（2）制作指示图标动画

1 调整小图标弹出位置。找到小图标的动画轨迹，单击 <P> 键调出三个小图标图层的位置。在第 15 帧时插入关键帧，将所有的小图标全部隐藏到大图标里，在第 24 帧时插入关键帧，显示全部出现，如图 3-3-13 所示。

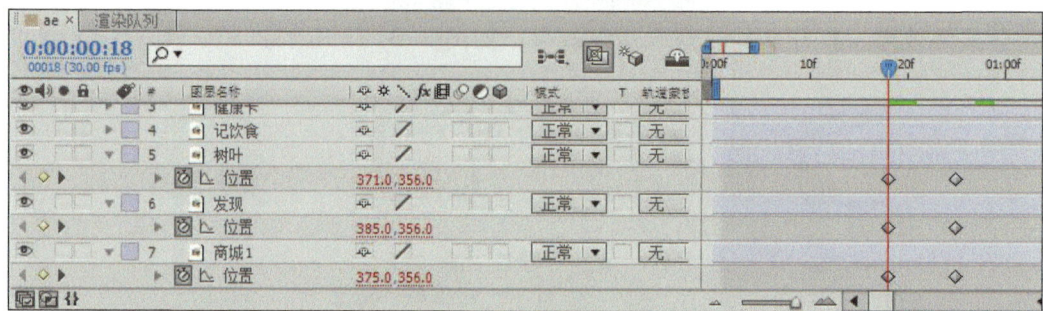

图 3-3-13　调整小图标弹出位置

2 调整小图标顺序。一起弹出的图标不美观，所以要根据弹出顺序依次把图标从右至左进行制作，如图 3-3-14 所示。

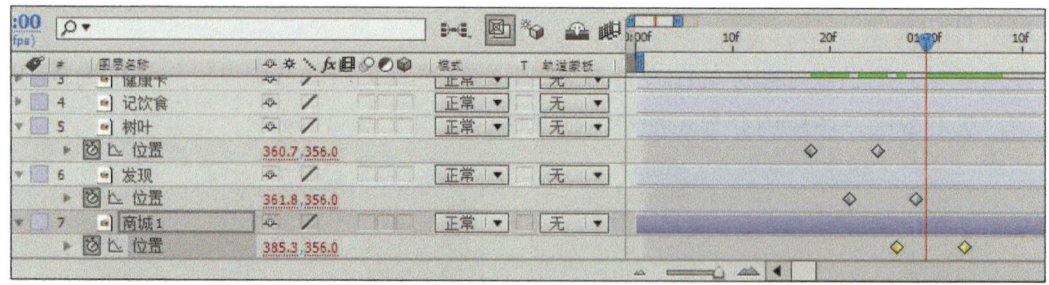

图 3-3-14　调整小图标顺序

3 代码制作效果。同时为了让小图标弹出后有回弹的效果，输入一组代码进行制作。

n = 0; if (numKeys > 0){ n = nearestKey(time).index; if (key(n).time > time){ n--; } } if (n == 0){ t = 0; }else{ t = time - key(n).time; } if (n > 0){ v = velocityAtTime(key(n).time - thisComp.frameDuration/10); amp = .03; freq = 2.5; decay = 4.0; value + v*amp*Math.sin(freq*t*2*Math.PI)/Math.exp(decay*t); }else{ value; }

按住<Alt>键并单击关键帧❷，输入每个图标图层的代码，如图 3-3-15 所示。

4 调整小图标弹回位置。将之前制作的图标动画轨迹进行复制，在第 56 帧进行粘贴，因为是要弹回到大图标里，所以右击后面的关键帧，执行"关键帧辅助"→"时间反向关键帧"命令，如图 3-3-16 所示。

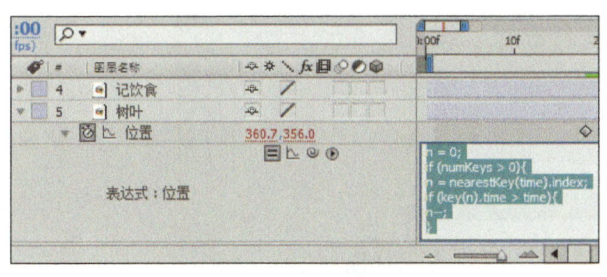

图 3-3-15 输入代码　　　　　图 3-3-16 时间反向关键帧

（3）调整导航条图标

1 调整导航条图标弹出位置。当小图标弹出时，为了让效果更加明显，将左右导航条图标进行移动。按住<P>键调出所有导航图标的位置，在第 18 帧时，插入关键帧，当弹出第一个小图标时开始进行位置移动，滑到第 25 帧，将左边的导航图标向左移动，右边的导航图标向右移动，如图 3-3-17 所示。

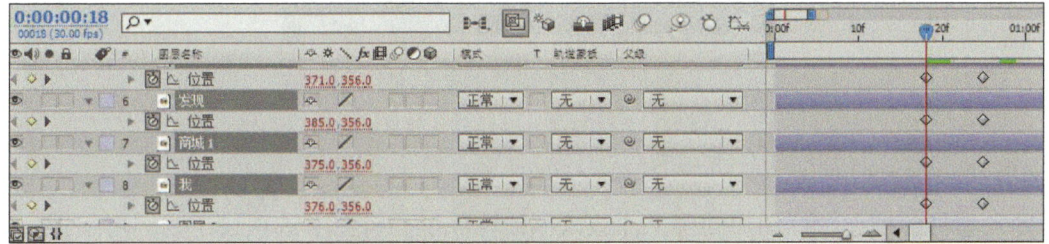

图 3-3-17 调整导航条图标位置

2 调整导航条图标弹回位置。同样为了让导航条图标弹出后有回弹的效果，输入同一组代码进行制作。然后将之前的关键帧复制，在第 60 帧进行粘贴，并执行"时间反向关键帧"命令，如图 3-3-18 所示。

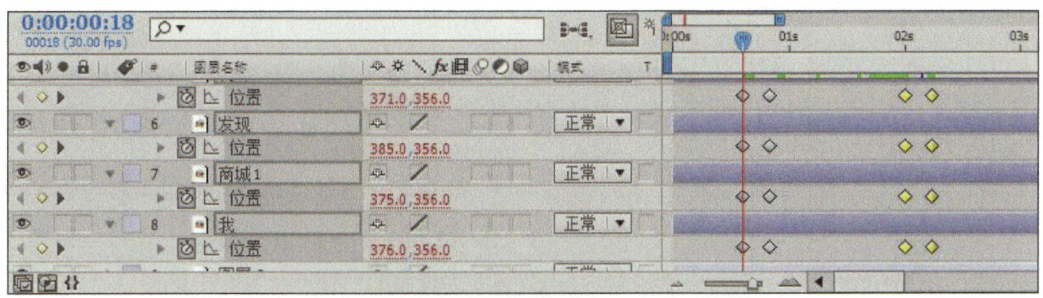

图 3-3-18 调整导航条图标弹回位置

(4)渲染效果

1 渲染效果。单击图像合成,将产品添加到渲染系列,调整好渲染路径,进行渲染,如图 3-3-19 所示。

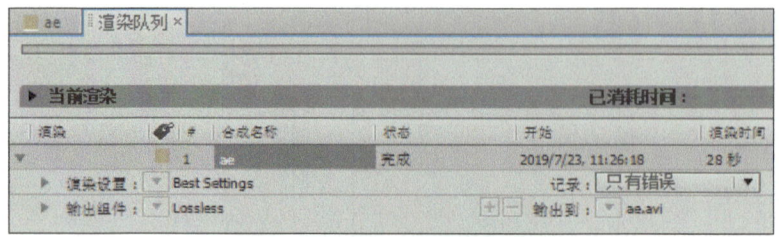

图 3-3-19 渲染效果

2 最终效果。打开文件,观看最终效果,如图 3-3-20 所示。

图 3-3-20 最终效果

3.反馈图标

(1)打开文件

导入素材。把已做好图标的源文件放入 AE 软件里,将图层选项设定为"可编辑的图层样式",双击图层,图层内会显示所有的源文件,如图 3-3-21 所示。

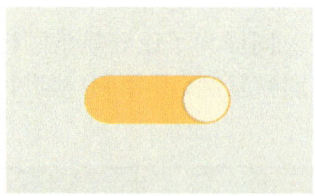

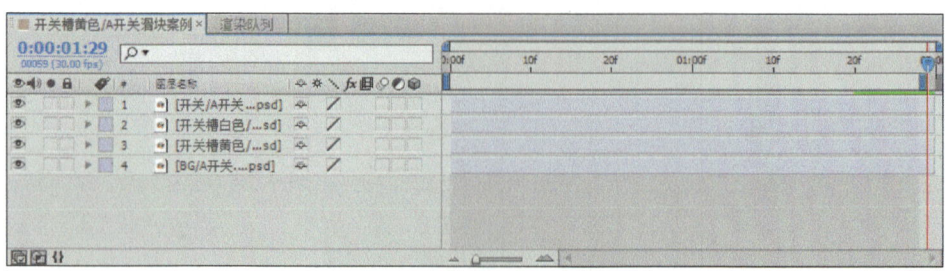

图 3-3-21 导入素材

(2) 制作开关动画

1 开关按钮动画。按住 <P> 键，调出位置按钮进行动画调整，在第 1 帧时插入关键帧，滑到第 12 帧时，将按钮的圆形调整到最左边。为了使按钮回来后保持停顿，将在第 32 帧处插入关键帧，保持位置不变，再将按钮调整回原来的位置，在第 44 帧处对关键帧进行设置，但发现这个关键帧的属性和第 1 帧时一样的，这样将第 1 帧复制粘贴回第 44 帧，如图 3-3-22 所示。

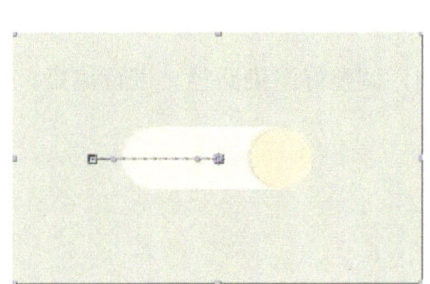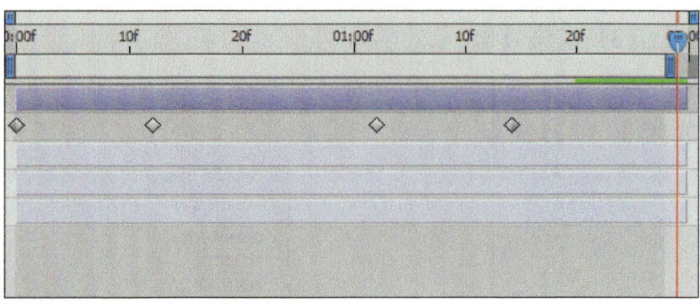

图 3-3-22 开关按钮动画

2 开关槽向左动画效果。经过观察后发现，在按钮向左移动时，白色开关槽会变小并变消失。所以按住 <T> 键，调出不透明度键，再次调出缩放键，按住 <Shift+S> 组合键进行动画调整，同时在第 1 帧时插入关键帧，将不透明度数值变为 0°，再次观察发现按钮到中间时，白色开关槽消失了。滑到第 6 帧时，将缩放大小改为 30°，透明度大小改为 100°，当按钮向左移动时，发现白色的开关槽还是存在。这样在第 7 帧时，不透明度数值再次变为 0°，如图 3-3-23 所示。

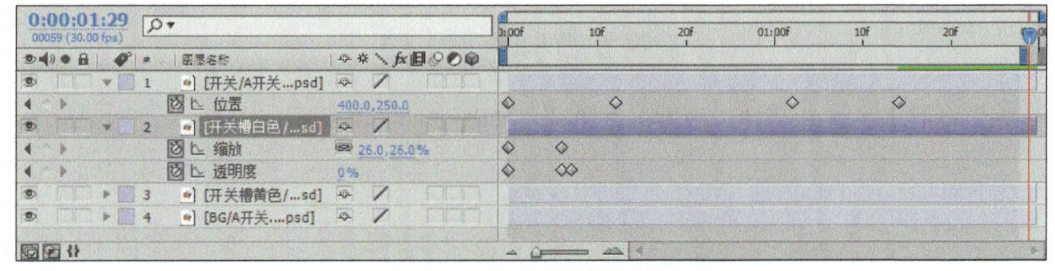

图 3-3-23 开关槽向左动画

3 开关槽向右动画效果。再次观察发现，按钮向右移动时，白色开关槽出现了，但在最后又消失了。将按钮再次调整到中心位置，滑到第 38 帧，将缩放大小改为 30°，透明度大小改为 100°。当按钮向左移动时，发现白色开关槽还是会存在。这样在第 37 帧时将不透明度数值再次变为 0°。当按钮移到最后面时，再次将白色开关槽变大变消失，将关键帧调到第 50 帧处时，将缩放大小改为 100°，透明度大小改为 0°，如图 3-3-24 所示。

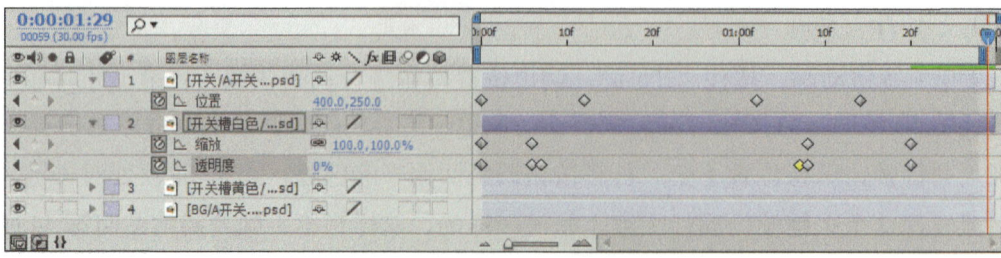

图 3-3-24 开关槽向右动画

（3）渲染效果

1 渲染效果。单击图像合成，将产品添加到渲染系列，调整好渲染路径，进行渲染，如图 3-3-25 所示。

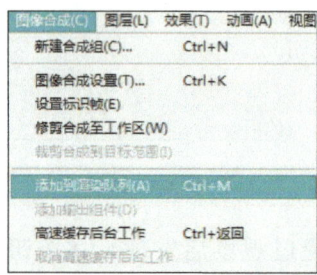

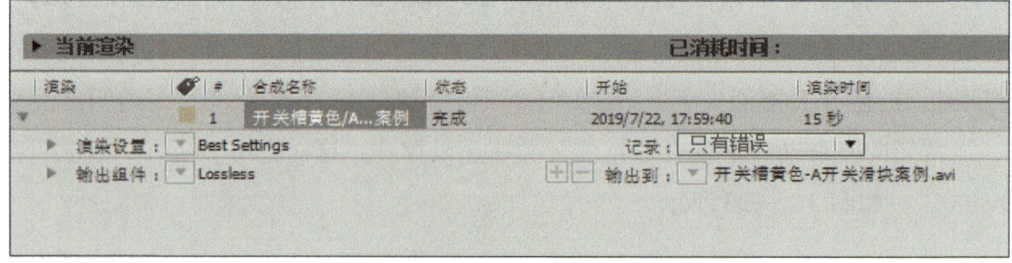

图 3-3-25 渲染效果

2 最终效果。打开文件，观看最终效果，如图 3-3-26 所示。

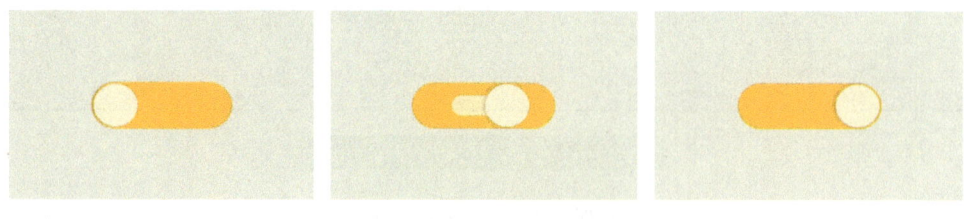

图 3-3-26 最终效果

必备知识

1. UI 交互设计

交互设计（Interaction Design，IXD）是定义、设计人造系统的行为的设计领域，它定义了两个或多个互动的个体之间交流的内容和结构，使之互相配合，共同达成某种目的。交互设计努力去创造和建立的是人与产品及服务之间有意义的关系，以"在充满社会复杂性的物质世界中嵌入信息技术"为中心。交互系统设计的目标可以从"可用性"和"用户体验"两个层面上进行分析，关注以人为本的用户需求。

人们和任何机器之间的互动关系，都属于交互。往更广的意义上说，如果失去了交互，地球将不再运转，将毫无生机。现在，智能时代已经到来，除了研究人和人、机器、产品、环境、服务、系统等之间的关系，还要研究机器和人、机器、产品、环境、服务、系统之间的关系，如图3-3-27所示。

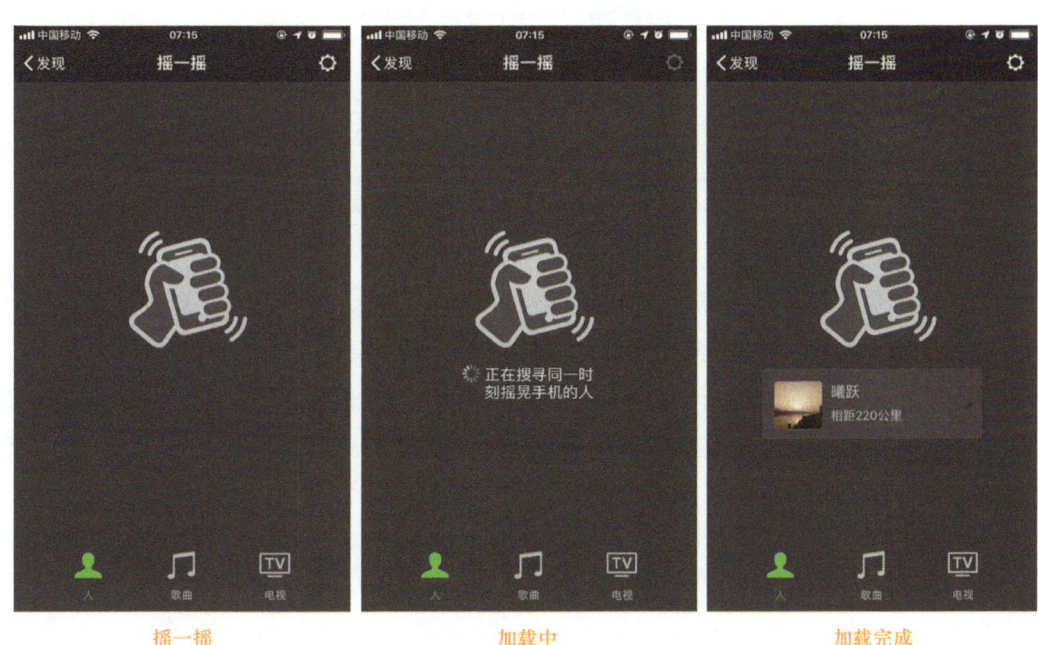

图3-3-27 交互关系

2．反馈图标

（1）即时反馈结果

切换开关应该立即生效，不应该要求用户单击保存或提交。如果直接的结果无法实现或看起来不太合适，那么应该使用替代方法。要不惜一切代价避免混淆。单独的控件可以从需要单击命令按钮的控件生成即时反馈结果，如图3-3-28所示。

（2）提供简洁明确的标签

保持开关的标签短而直接。考虑到交互原则，即"菜单和按钮标签应首先具有关键字，形成唯一标签"。例如，当设计一个用户可以更新通知的设置页面时，一定要是电子邮件通知或短信通知，而不是说"你想要收到我们的电子邮件通知吗？"要知道，用户只阅读他们认为他们需要的内容，所以在标签前加上关键字，去掉多余的话术，如图3-3-29所示。

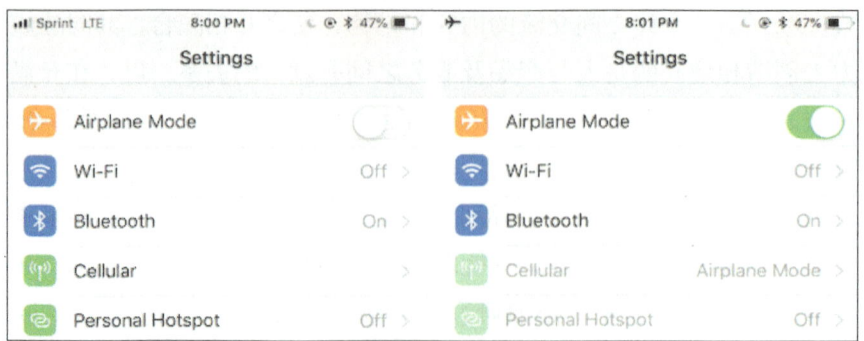

图 3-3-28 即时反馈结果

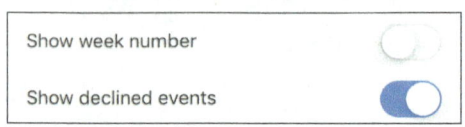

图 3-3-29 提供简洁明确的标签

(3)遵循标准进行设计

确保切换开关看起来像滑块,并利用视觉提示(如运动和颜色),以避免混淆。当用户改变切换状态时,开关应该改变位置——就像在现实中那样。

颜色是开关重要的视觉提示,有两件事需要注意:对比和文化差异。当设计师使用低对比度的颜色时,用户很难知道开关是什么状态。因此,始终使用高对比度的颜色来表示状态变化。此外,设计时一定要考虑用户的社会和文化影响,如图 3-3-30 所示。

图 3-3-30 遵循标准进行设计

(4)设计要一致

遵循平台规范,确保在应用中一致地设计切换开关。不一致性会迫使用户放慢速度,并花更多时间考虑如何与组件交互。不要让用户去思考不同的设计功能是否相同。

任务拓展

公司近期承接"下厨房"的生活类 APP 的设计项目。"下厨房"是一款查询菜谱的生活类 APP。风格要求扁平化,内容大体分为首页、菜谱、食材市场、社区与粉丝几个模块。

1)请根据项目需求,收集同类型 APP 图标并进行分析。

2)设计"下厨房"图标的提示性动态效果。

3)设计"下厨房"图标的指向性动态效果。

4)设计"下厨房"图标的反馈性动态效果。

实战强化

设计一款名为"悦读"的读书应用图标

"悦读"应用的核心功能是提供阅读服务,包括书籍搜索、分类浏览、书签管理、阅读设置等。用户群体主要是喜欢阅读、追求高品质阅读体验的读者。

设计要求:

从"悦读"应用的特点中,可以提炼出以下几个核心元素:书籍、阅读、翻页、书架等。这些元素将构成图标设计的核心。根据"悦读"应用的特点和用户群体选择适合的色调,确保能够在不同设备和平台下保持良好的显示效果。图标尺寸:128px×128px、512px×512px 等不同尺寸。

单元小结

经过本单元的系统学习,对 UI 图标设计建立了更为全面和深入的理解。本单元深入探讨了图标设计的基础原则,如简洁性、辨识度和独特性,这些原则不仅为设计出优秀的 UI 图标提供了指导,还帮助树立了正确的设计观念。

在风格探索方面,详细分析了扁平化和拟物化两种设计风格的特点和优势,并通过案例分析对这两种风格有了更为直观的认识。这不仅拓宽了设计视野,还提供了更多的设计选择。

在设计思想与实践的结合上,应多观察、多思考,从生活中发现设计的灵感和元素。通过动效图标项目的实践,不仅提升了操作技能,还学会了如何将设计思想融入实际项目中,使设计更加生动、有趣。这种实践性的学习方式可以在掌握理论知识的同时,也锻炼了实际操作能力和设计思维。

学习单元 4

Banner 和控件设计

单元概述

　　Banner 设计是 UI 中吸引目标受众的关键在线广告形式，其核心在于通过了解功能和用户群体，提炼代表性元素，并确保设计的简洁、辨识与独特性。另一方面，控件设计则专注于用户交互元素，如按钮和输入框，追求美观、清晰并符合用户的操作习惯，同时确保在不同设备和平台上的兼容性和良好体验。两者共同构成了 UI 设计中不可或缺的部分。Banner 和控件设计是 UI 设计中两个重要的组成部分，它们共同构成了软件或应用界面的基础框架。通过合理的设计和运用，可以为用户提供更好的交互体验和使用感受。

学习目标

　　1）掌握 Banner 设计的基本概念和重要性，理解其在 UI 设计中的应用和效果。
　　2）学习 Banner 设计的核心原则，包括简洁性、辨识度和独特性，以确保设计的有效性。
　　3）熟练掌握 Banner 设计的四部分构成：背景、配图、文案和按钮，并学会如何协调它们之间的关系，以创造出吸引人的视觉效果。
　　4）学会从核心功能和用户群体出发，提炼出最能代表其特点和元素的设计元素，以提高 Banner 的吸引力和转化率。
　　5）理解控件设计在 UI 设计中的重要性和作用，明确控件设计的目标和要求。
　　6）掌握控件设计的基本原则，如美观、清晰、符合操作习惯等，以确保控件的易用性和用户体验。

7）学会根据软件或应用的功能需求，合理分配控件对象，并设置每个控件的关键属性值，如外观特征、数据控制源、标题、是否可见等。

8）培养实践操作能力，能够熟练使用设计工具进行控件设计，并能在实际项目中应用所学知识。

9）培养创新思维和审美能力，能够独立完成高质量、具有创意的Banner设计。

10）培养兼容性思维，能够考虑不同设备和平台的兼容性，确保控件在不同环境下都能保持良好的显示效果和交互体验。

任务 1　端午节活动 Banner 设计

任务描述

公司近期承接了一个电商APP的促销活动设计项目。考虑到即将到来的传统节日——端午节，公司准备了一系列富有传统节日特色的产品促销和打折活动信息。端午节是我国民间传统节日，在本次设计的宣传广告中应充分体现端午节的特色，而不仅是展示促销和折扣信息。经过与合作方沟通并确认合作意向后，双方签订了合作意向，公司承接项目流程如图4-1-1所示。

1. 交流沟通—了解设计需求
2. 签订合作协议—托管100%设计费用
3. 开始安排设计—5个工作日内出设计方案（初稿）
4. 交稿验收—修改并完善设计
5. 提交源文件—付款评价
6. 确认收款—合作愉快

图 4-1-1　公司承接项目流程

任务实施

1. 设计准备

（1）需求分析

设计的第一步是从沟通开始的，沟通的内容主要包括项目的具体信息和明确项目的风格两部分。

首先，需要和客户进行沟通，确认制作的具体信息。确认信息的内容主要包括以下内容。

尺寸大小：确认Banner是否为移动端，以及尺寸的大小。

主副标题：确认运营是否有修改或变动。

利益点：确认Banner的利益点。

产品素材：确认Banner是要放产品还是模特。

上线时间：确认Banner有多少设计时间。

投放位置：确认Banner所在页面。

其次，Banner 设计前要了解活动项目的背景，与客户方沟通，确定需求，找准定位。然后再有针对性地开始设计，色彩搭配要与整个页面相协调。需求方在没有给出要求的时候，可根据文案要表达的主题给些参考，和需求方确认风格，选定相似的风格例子再进行设计，如图 4-1-2 所示。

图 4-1-2　不同风格 Banner 参考

（2）明确设计目标

1）明确用户需求。

在设计 Banner 前，要先思考 Banner 的投放渠道、产品定位等来分析目标用户的需求，从而让设计更易被目标用户接受。

2）信息传递。

用户在浏览信息时也就几秒钟，所以在有限的时间内要确保用户快速提取到有价值的信息。这就要求信息要简短、准确，有核心价值。

3）情感认同。

当 Banner 已经能做到引起用户关注，还要思考如何才能让用户更有欲望去单击内容或对产品留下深刻的印象。

通过创意表达拉近与用户的距离，如图 4-1-3 所示。

通过情感营造场景，赋予用户特有的感觉，如图 4-1-4 所示。

图 4-1-3　创意 Banner 表达　　　　图 4-1-4　Banner 情感营造

（3）确定设计策略

按照传达信息的优先关系，Banner 设计的结构一般是由四个层级的元素构成：内容层、主体元素层、装饰层、背景层。制作时可根据不同的层级，收集有参考价值的风格素材。

1）内容层。

内容层的规范主要体现在字体的设计和使用，字体设计和所表达的内容越贴近越好。

字体设计是设计师必须掌握的一项基本技能。在品牌设计、包装设计、书装设计、海报设计、电商设计等领域都需要字体设计。

在进行字体设计时，通常可遵循字体的可读性、思想性和艺术性三个基本原则，如图 4-1-5 所示。

图 4-1-5　字体设计的基本原则

可读性：字体设计要注意结构和形态的识别度，得能被识别出来，在融入艺术创作的同时要保证受众能够准确理解字体含义。

思想性：字体设计时可以通过笔画形态、颜色、材质效果等来体现出文字内容的精神内涵。

艺术性：字体的艺术性体现在整体美观协调，符合美学形式感。人们所熟知的平面构成知识都可以用于字体设计中。例如，重复、近似、渐变、变异、对比、集结、发射、特异、空间与矛盾空间、分割、肌理及错视等。

设计师根据项目的具体要求完成了 Banner 的内容文字设计，如图 4-1-6 所示。

图 4-1-6　Banner 的内容文字设计

2）主体元素层。

主体元素层是 Banner 营造氛围的最关键所在。通常情况下，Banner 的主体元素会影响用户的第一视觉体验，是吸引用户眼球的重要元素，主要起衬托、烘托气氛的作用，如图 4-1-7 所示。

图 4-1-7　主体元素层要求

对齐：内容要规范统一，方便用户能快速准确获取信息。

聚拢：内容要集中，避免过于分散。

留白：留白能引导用户读取关键信息，突出重点内容，同时也能减少画面的压迫感。

降噪：过多的颜色、图形和字体都会分散用户的注意力。

重复：设计时要注意版面的一致性和连贯性，避免出现不同类型的视觉元素。

对比：加大不同元素的视觉差异，能突出视觉重点，方便用户一眼浏览到重要的信息。

主体元素的设计可根据人物、关键场景、关键物品、文字等进行套用。

设计师根据项目的具体要求完成了 Banner 的主体层元素设计，如图 4-1-8 所示。

3）装饰层。

装饰层有时候会和主体元素层在一起。一些简洁风格的 Banner 中没有装饰元素，所以装饰层的作用主要是装饰和衬托，不能抢了主体元素的风头。

学习单元 4　Banner 和控件设计

图 4-1-8　Banner 的主体层元素设计

4）背景层。

背景层要尽量使用少量的元素，不能影响主体元素的展示。设计师根据项目的具体要求完成了 Banner 的背景设计，如图 4-1-9 所示。

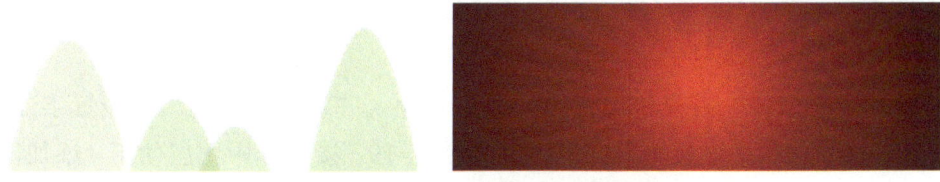

图 4-1-9　Banner 的背景设计

2．首页 Banner 制作

（1）创建文档

① 新建文档。启动 Photoshop 软件，打开新建对话框，设置宽度为 1080 像素，高度为 375 像素，分辨率为 72 像素/英寸，颜色模式为 RGB 颜色，如图 4-1-10 所示。

② 设置标尺单位。在菜单下的"编辑"命令下找到"首选项"中的"单位与标尺"，会弹出"首选项"对话框，在"单位"中设置标尺单位为"像素"，单击"确定"按钮，如图 4-1-11 所示。

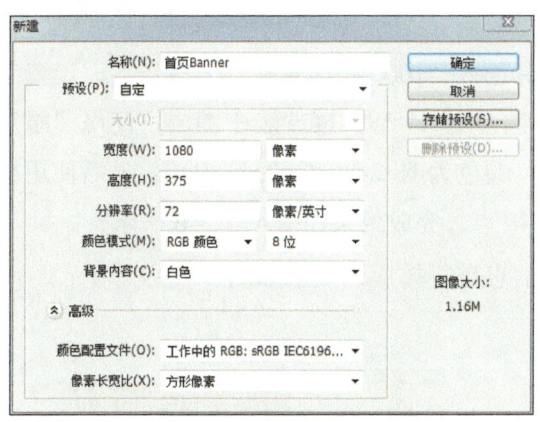

图 4-1-10　新建文档

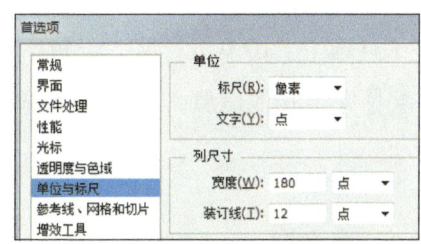

图 4-1-11　设置标尺单位

（2）绘制背景

① 绘制远山轮廓。使用椭圆工具绘制一个椭圆，接着再使用直接选择工具调整椭圆

顶、底位置的锚点，使椭圆的顶尖、底部平缓，如图4-1-12所示。

2 填充远山颜色。选中绘制的椭圆，设置颜色为"黑青豆绿"，并调整图层的不透明度为20%；接着再复制多个远山，分别调整其大小，如图4-1-13所示。

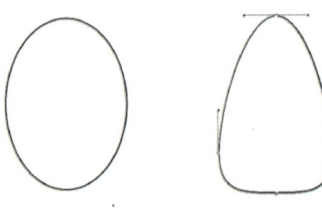

图4-1-12 绘制远山轮廓

图4-1-13 填充远山颜色

（3）绘制内容层

1 输入主要信息。首先使用横排文字工具输入"端午送好礼"，设置字体为"微软雅黑"，大小为110点，颜色为R=234、G=84、B=19；接着选中图层使用"添加图层样式"中的描边，设置描边的大小为2像素、颜色为R=249、G=255、B=0，效果如图4-1-14所示。

2 制作信息效果。首先使用横排文字工具选中"送"字，设置字体大小为120点；接着选中文字图层并右击，选中"转换为图形"，再使用"转换点工具"对字体的外形进行调整，完成效果如图4-1-15所示。

图4-1-14 输入主要信息

图4-1-15 制作信息效果

3 制作其他信息。首先使用横排文字工具输入"1000元满减礼券大放送"，设置字体为"STXhei"，大小为30点，颜色为R=234、G=84、B=19；接着选中图层，使用"添加图层样式"中的描边，设置描边的大小为1像素、颜色为R=249、G=255、B=0；最后使用横排文字工具选中"1000元"字，设置字体大小为48点，完成效果如图4-1-16所示。

4 完善其他信息。将所有制作好的文字信息进行排版，效果如图4-1-17所示。

图4-1-16 制作其他信息

图4-1-17 完善其他信息

(4) 绘制内主体元素层

1 绘制"跳起粽子"的轮廓。首先使用椭圆工具绘制出一个椭圆，再使用"直接选择工具"对椭圆顶、底位置的锚点进行调节；接着再使用"钢笔工具"分别绘制出粽子的手和脚，同时调整粽子的身体的透视角度，完成粽子的基本轮廓制作；最后使用椭圆工具分别绘制出粽子的眼睛、嘴、脸颊等，并调整其位置，效果如图4-1-18所示。

2 绘制"跳起粽子"的细节。首先使用路径选择工具选中粽子的身体轮廓，按下<Ctrl+C>和<Ctrl+V>组合键复制并粘贴一个身体轮廓，将复制出的身体轮廓在"路径操作"中修改为"减去顶层图形"，再调整复制图形的位置，得到粽子身体暗部的图形；接着使用同样的方法绘制出粽子身体亮部的图形，完成效果如图4-1-19所示。

图4-1-18 绘制"跳起粽子"的轮廓

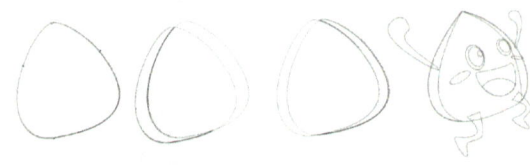

图4-1-19 绘制"跳起粽子"的细节

3 填充"跳起粽子"的颜色。首先设置粽子身体、身体暗部、身体亮部的形状填充类型分别为"纯黄绿""黑豆绿色""纯青豆绿"，设置粽子的手、脚的形状填充类型为"淡暖褐"，设置粽子的眼睛、口腔、脸颊、舌头的形状填充类型分别为"深黑暖褐""深黑暖褐""纯黄""浅红"；接着使用钢笔工具的图形模式绘制绑粽子的细绳，设置形状填充类型为"深黑绿"；最后再尝试绘制出其他风格的粽子，效果如图4-1-20所示。

图4-1-20 填充"跳起粽子"的颜色

4 绘制粽子元素。首先使用多边形工具双击视图，在弹出的对话框中设置多边形的边数为3，创建一个等边三角形。再设置三角形的描边颜色为"纯黄绿"，填充颜色为"纯黑绿"。接着使用钢笔工具在三角形的中间绘制出两条直线，再设置钢笔工具的描边选项的端点为半圆，描边为颜色"纯黄绿"，效果如图4-1-21所示。

5 绘制近山元素。使用椭圆工具绘制出一个椭圆，设置填充颜色为"纯绿"，不透明度为70%。将绘制的椭圆复制多个，分别调整其大小和位置，效果如图4-1-22所示。

图 4-1-21　绘制粽子元素

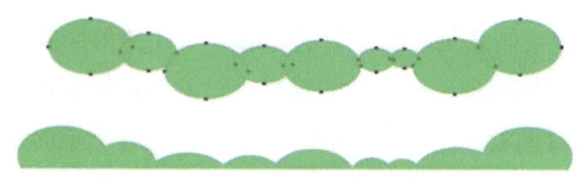
图 4-1-22　绘制近山元素

(5) 绘制完成首页 Banner

最终效果。对制作完成的文字、元素及图形进行调整，最终 Banner 效果如图 4-1-23 所示。

图 4-1-23　最终 Banner 效果

3．广告栏 Banner 制作

(1) 创建文档

1 新建文档。首先启动 Photoshop 软件，打开新建对话框，设置宽度为 1080 像素，高度为 375 像素，分辨率为 72 像素/英寸，颜色模式为 RGB 颜色；接着填充背景颜色为 R=232、G=0、B=53，如图 4-1-24 所示。

2 修改背景。首先新建一个图层；然后使用渐变工具中的径向渐变，选择渐变预设中的前景色到透明渐变，拖拽完成背景暗部区域制作；最后在图层面板中设置不透明度为 60%，效果如图 4-1-25 所示。

图 4-1-24　新建文档

图 4-1-25　修改背景

(2) 制作素材

1 输入文本。首先启动 Illustrator 软件并新建文档；接着使用文字工具输入文本"粽

情特卖会 端午送好礼",设置字体为"微软雅黑",字体样式为"Blod";最后分别调整文字的大小及间距,效果如图4-1-26所示。

2 制作立体效果。首先选中文字后右击选中创建轮廓或按下<Ctrl+Shift+O>组合键;接着在菜单栏中选中效果,执行其中的凸出和斜角效果,然后在弹出的"3D凸出和斜角选项"对话框中设置"位置"为"自定旋转",旋转的X轴为2°、Y轴为1°、Z轴为0°、透视为70°、凸出厚度为800pt,再单击"更多选项",在对话框中设置光源强度为100%、环境光为50%、高光强度为60%、高光大小为90%、混合步骤为25,通过预览可观察显示效果;最后单击"确定"按钮,效果如图4-1-27所示。

图4-1-26 输入文本

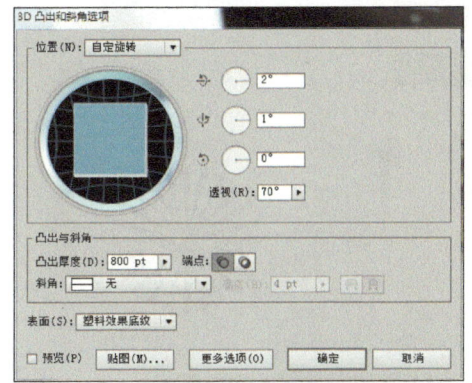
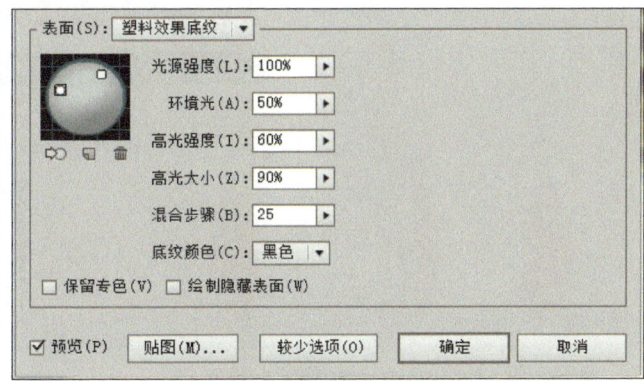

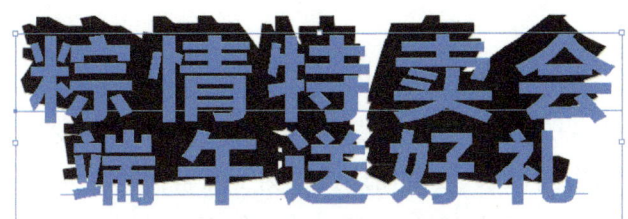

图4-1-27 制作立体效果

3 编辑立体效果。首先选中立体文字执行对象菜单中的扩展外观;接着右击选择取消编组,再一次取消编组,把文字和立体效果分离出来;最后将文字和立体效果分别拖拽至Photoshop软件中,并调整其大小和位置,如图4-1-28所示。

4 制作叶片效果图形。首先使用Illustrator软件中的椭圆工具拖拽出一个椭圆,再使用转换锚点工具单击椭圆顶部的锚点,使顶部成尖状,设置颜色填充为渐变(R=243、G=152、B=0至R=195、G=13、B=35),角度为-90°;接着使用矩形工具拖拽出一个矩形,将矩形的边与椭圆的中心对齐,选中两个图形后执行路径查找器中的减去顶层命令,完成半片叶子的制作;最后选中叶片执行变换中的对称命令,设置轴为垂直后单击复制按钮，并在颜色渐变面板中调整角度为 0°，效果如图 4-1-29 所示。

5 制作背景光图形。首先使用 Illustrator 软件中的矩形工具拖拽出一个矩形，再使用删除锚点工具减去将矩形底部的一个锚点，随后将剩余的锚点移至底部的中心位置；接着使用旋转工具并将旋转的中心点置于底部的锚点处，按住 <Alt> 键，拖拽鼠标完成旋转复制，随后执行再次变换命令，按 <Ctrl+D> 组合键，重复多次完成图形制作，效果如图 4-1-30 所示。

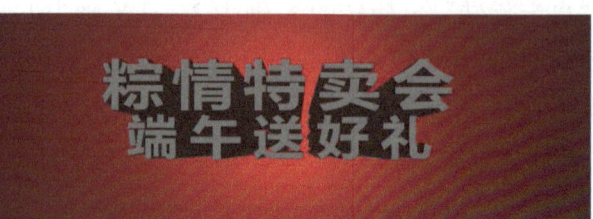

图 4-1-28　编辑立体效果

图 4-1-29　制作叶片效果图形

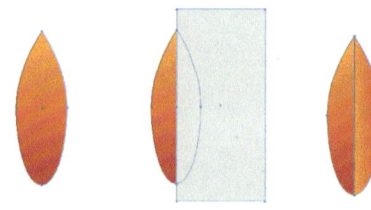

图 4-1-30　制作背景光图形

(3) 添加效果

1 字体效果制作。首先选中立体效果图层，执行图层面板中的图层样式并勾选渐变叠加，设置渐变颜色为 R=49、G=0、B=0 至 R=134、G=0、B=0，角度为 90°；接着选中文字图层执行图层面板中的图层样式，设置描边大小为 1 像素、颜色为 R=126、G=71、B=0，设置投影的不透明度为 24%、角度为 120°、距离为 6 像素、扩展和大小为 0，设置内发光颜色为 R=255、G=255、B=0，不透明度为 8%、大小为 5 像素，设置渐变叠加的不透明度为 100%、颜色为 R=255、G=255、B=255 至 R=255、G=174、B=0（位置为 24%）至 R=255、G=255、B=255 的渐变，角度为 90°，效果如图 4-1-31 所示。

图 4-1-31　字体效果制作

2 制作字体下方图形。首先使用椭圆工具拖拽出一个椭圆，设置填充颜色为 R=125、G=0、B=34；接着将椭圆图层复制一份，并使用路径选择工具选中椭圆图形，设置填充颜色为 R=164、G=0、B=53，随后将图形复制一份，调整路径操作为减去顶层图形；最后调整复制图层的位置，效果如图 4-1-32 所示。

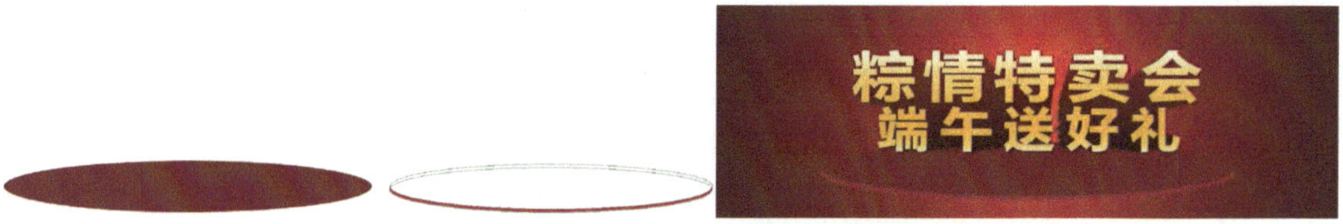

学习单元 4　Banner 和控件设计

图 4-1-32　制作字体下方图形

3 制作背景光效果。首先将制作好的背景光图形拖拽至 Photoshop 软件中，选择图层面板中的图层样式并勾选颜色叠加，设置填充颜色为 R=255、G=0、B=0，不透明度为 100%；接着为图层添加矢量蒙版，再使用画笔工具将蒙版的四周用黑色进行涂抹，完成背景光的边缘虚化效果；最后调整图层的不透明度为 10%，效果如图 4-1-33 所示。

4 制作飞出的叶子效果。首先将制作好的叶子图形拖拽至 Photoshop 软件中，选择图层面板中的图层样式并勾选投影，设置投影的不透明度为 14%，角度为 120 度，距离为 20 像素，扩展和大小为 0；接着再执行滤镜菜单模糊中的动感模糊，设置动感模糊角度为 0 度，距离为 15 像素；最后将树叶图层复制多个，并分别调整其位置和大小，效果如图 4-1-34 所示。

图 4-1-33　制作背景光效果 　　　　图 4-1-34　制作飞出的叶子效果

5 添加其他效果。首先将准备好的飘带素材导入到视图中，随后将飘带摆放到字体的图层后并调整至合适大小，将图层的不透明度设置为 40%；接着将光效素材导入到视图中的合适位置，设置图层混合模式为滤色；最后整体调整，完成效果如图 4-1-35 所示。

图 4-1-35　添加其他效果

必备知识

1. Banner 的尺寸

Banner 的设计尺寸是由网站本身的设计规格和广告图片的规格决定的，所以 Banner

的设计规格没有固定的要求。

　　iOS 端：640px×180px 或者 640×240，大小在 40KB 以内。

　　Android 端：720px×300px 或者 1080px×375px，大小在 70KB 以内。

　　如果在不同页面的很多地方都设计了不同尺寸的 Banner，那么一张图在后期就需要改成很多张 Banner，并且有的图片的尺寸并没有规律可言。因此，在设计 APP 产品之初，设计师要考虑到设定好统一的 Banner 比例，方便后期更改，同时也要运用 Photoshop 软件中的智能对象等功能，快速修改尺寸。

2．Banner 的结构

　　按照传达信息的优先层级关系拆分 Banner。Banner 图一般由四个层级的元素构成：内容层、主体元素层、装饰层和背景层，如图 4-1-36 所示。

图 4-1-36　Banner 的结构

3．Banner 的版式

　　首页的第一屏要呈现更多的信息，所以在设计时需要缩小 Banner 的面积，以节省出更大的空间来服务其他"业务"的使用。因此，Banner 设计尺寸由通用的 4:3 的比例逐渐缩小至 5:3 或 5:4 的比例（均四舍五入，选取近似值），如图 4-1-37 所示。

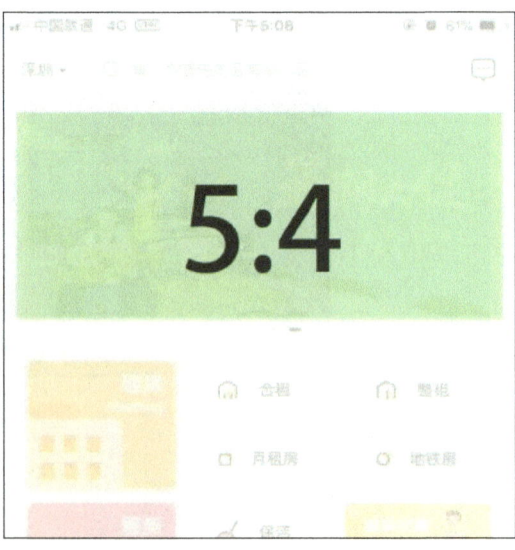

图 4-1-37　Banner 的版式

目前最常见的三种构图方式为对称式构图、居中式构图和左右式构图。

对称式构图：通过对画面的平均分割保证画面的平衡，对称式构图给人简洁、有力、稳固的视觉感受，如图4-1-38所示。

居中式构图：居中式构图是将主体放置在画面的中心进行构图。这种构图方式的最大优点在于主体突出、明确，而且画面容易取得左右平衡的效果，如图4-1-39所示。

图4-1-38　对称式构图　　　　　　图4-1-39　居中式构图

左右式构图：左右式构图一般参考黄金比例分割线的原理，并根据实际状况进行调整，将文字标题元素和主体物按照比例分割进行位置安排，如图4-1-40所示。

图4-1-40　左右式构图

Banner的每种版式设计并非以一种单一的表现形态出现，在分析Banner的时候不能以一种视角去分析，毕竟设计的灵活性非常强，所以不要局限于上面所说的几种版式，在设计时可以发挥更多的创造力和想象力。

4. Banner设计的技巧

1) 字体设计：对Banner的标题文字做字体设计时，会增加页面的细节和精致度，使整体页面更耐看。常用的手法有钢笔造字、矩形造字和字间连接等，如图4-1-41所示。

图4-1-41　字体设计

2) 几何框架：在Banner设计时可以考虑排成几何形状，如矩形、圆形、三角形等，以增强整个画面的设计感，如图 4-1-42 所示。

3）重复与对齐：在 Banner 设计时对于并行的介绍内容，需要根据具体情况找准一种对齐方式，或居中或左对齐等，并以同一版式重复依次排列，这样设计让整体结构清晰而统一。同时可以重复利用一些同类型或

图 4-1-42　几何框架

相同的元素来点缀装饰，会加强统一性，页面也显得更有细节，如图 4-1-43 所示。

4）图形化设计：在 Banner 设计时，把需要传达给用户的一段内容信息，通过图形化设计的方式进行排版，会让普通单调的文字页面变得有设计形式感和趣味性，同时更利于阅读和理解，如图 4-1-44 所示。

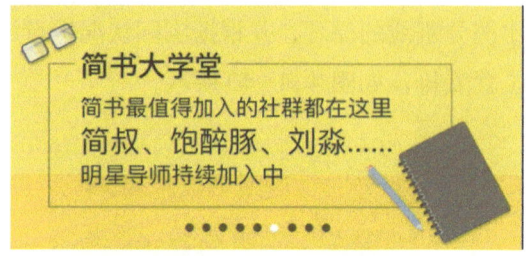

图 4-1-43　重复与对齐

图 4-1-44　图形化设计

5）对比和强调：在 Banner 设计时，可通过字体、粗细、大小、颜色、色块等的不同来实现对比和强调，突出重点，使页面信息有层次感，如图 4-1-45 所示。

6）元素搭配：在 Banner 设计时，页面上每个搭配的元素都要有它存在的意义（强调、视觉引导、统一版式、渲染氛围等），不能仅为了好看而盲目地搭配一些不太相关联的元素，这样会破坏设计，干扰用户阅读，如图 4-1-46 所示。

图 4-1-45　对比和强调

图 4-1-46　元素搭配

任务拓展

1. 商业推广类 Banner 设计

草莓音乐节是我国最具知名度的音乐节之一，它也是一个让乐迷们为之尖叫的名词。

早在 2019 年，"广东超级草莓音乐节·珠海场"就有传闻将在当年 11 月底举办，遗憾的是后来因故未能成行。

"这座城市，早有计划，念念不忘，必有回响。"摩登天空在官宣文案深情回望：十五周年，草莓音乐节，即将抵达大湾区城市珠海。

很难不说，这是一座青春之城与草莓音乐节的"邂逅"与"重逢"，是活力的回归，是面向大海的青春派对。

请根据以上任务基本信息，完成三款及以上活动的 Banner 设计。Banner 的设计要契合活动的主题，对设计的文案和宣传信息要进行提炼，设计的尺寸和规格符合 APP 推广要求。

2．文化和自然遗产日 Banner 设计

2020 年是全国第十五个"文化和自然遗产日"，为了展示非遗项目保护工作的丰硕成果，推动非物质文化遗产保护工作不断深入开展，将举办"非遗保护·中国实践"非物质文化遗产大型展演展示活动，让全市人民在端午节之际，在遗产日当天共享文化遗产保护成果。以文化中心广场为中心，以三区为重点，各县市区非遗保护中心联动共同举办一系列展览展演展示活动，共推出八大非遗特色展演、七大非遗精品主题展、两大专题知识讲座和百位传承人传承传习等丰富多彩的非物质文化遗产活动。

文化中心主会场开幕式：6 月 8 日 10:00 ～ 10:45。

文化馆：6 月 8 日 9:00 ～ 6 月 12 日 17:00，展厅举办"传承文化遗产·打造美好生活"非物质文化遗产精品展，展出广彩、广绣、雕刻等 20 个项目的精美作品。

市博物馆：6 月 8 日 9:30 ～ 11:30，举办以非遗项目广彩、广绣、雕刻、雕版年画、传统技艺拓片为主题的互动体验活动。

请根据本学习单元任务 1 中任务拓展的文案和设计的元素草图，完成 Banner 设计。Banner 的设计要契合活动的主题，对设计的文案和宣传信息要进行提炼，设计的尺寸和规格符合 APP 推广要求。

任务 2　美食天下 Banner 动效设计

任务描述

E-design 设计公司近期承接"美食天下"APP 的设计项目。"美食天下"APP 是一款美食教学的 APP，它收集了中外众多美食菜谱。本任务需要制作 APP 里的 Banner，并要有交互动效，风格要求简约，滑动图标后会出现 Banner 页面。经过例会讨论，项目总监将任务分配给 β 小组，由"梦梦"负责，助理设计师"欣欣"辅助"梦梦"完成该项目。

设计师需要明确在适合的时机、具备明确的价值与完整的方案，才可以推动团队执行。通过分析调查、图标设计和弹出动效设计三个步骤来完成该项目的动效制作，如图4-2-1所示。

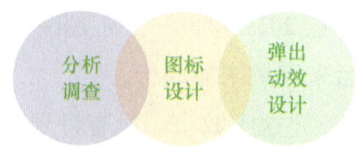

图 4-2-1　设计步骤

任务实施

1．设计前期准备

（1）绘制背景

1 新建文档。启动 Photoshop 软件，打开新建对话框，设置宽度为 1920 像素，高度为 600 像素，分辨率为 72 像素/英寸，颜色模式为 RGB 颜色，如图 4-2-2 所示。使用"渐变编辑器"，设置橙色（#ffc345）和浅橙色（#faf293）的渐变，并进行填充，如图 4-2-3 所示。

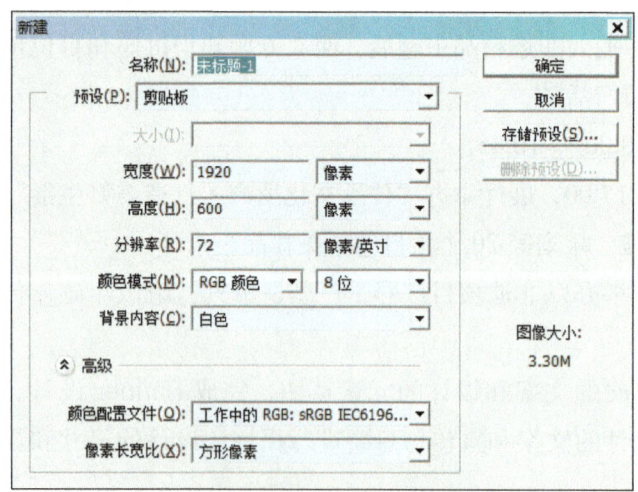

图 4-2-2　新建文档

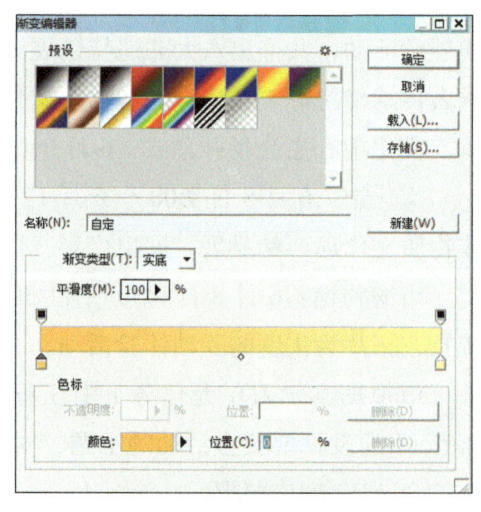

图 4-2-3　调整渐变

2 绘制背景点缀。为了使背景显得更加有活力，填充橙色的对比色蓝色（6fd7fe），如图 4-2-4 所示。

图 4-2-4　绘制背景点缀

（2）绘制Banner海报

❶ 插入产品。插入美食素材，因为是俯视，将设置投影效果，并将产品放在Banner的右边，如图4-2-5所示。

❷ 文案排版。根据素材所给的文案，将"好好玩厨房"设置为一级标题，"抢天猫定制餐盘"设为二级标题，"点击查看"设置为三级标题，为了能使风格更加活泼，将字体设置为华康娃娃体W5，并进行排版制作。同时为了和产品的颜色相呼应，将字体的颜色设置为白色，并加入投影的效果，如图4-2-6所示。

图4-2-5 插入产品

图4-2-6 文案排版

❸ 素材制作。整体画面左边的内容太空，为了和产品相呼应，也凸显风格，插入一些素材，如叶子、相机等，如图4-2-7所示。

图4-2-7 素材制作

（3）最终效果调整

❶ 点缀物制作。因为有了相机的素材，所以在最前面制作一个相机的拍摄框，以更好地呼应美食素材。添加矩形工具，在画面的左右上方制作两个固定点，如图4-2-8所示。

❷ 最终效果。调整Banner产品的位置，将排版变得更加匀称，最终完成效果如图4-2-9所示。

图4-2-8 点缀物制作

图4-2-9 最终效果

2．Banner动效制作

（1）制作手指滑动动画

❶ 导入素材。把已做好的Banner源文件放入AE软件里，将图层选项设定为"可编

辑的图层样式"，双击图层，图层内会显示所有的源文件，如图 4-2-10 所示。

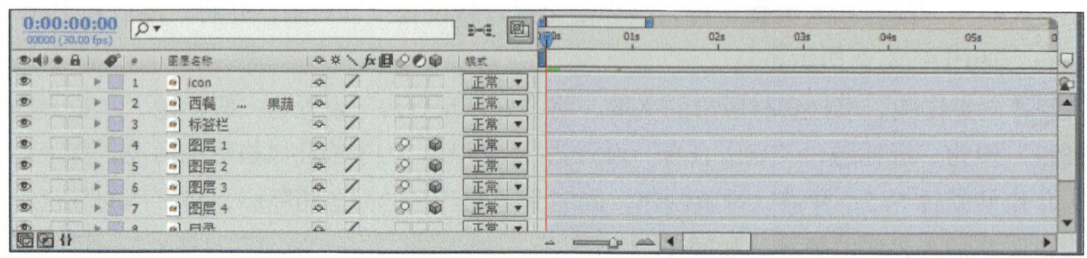

图 4-2-10　导入素材

2 绘制标尺。按 <Ctrl+R> 组合键调出标尺，从标尺处向下拖动以创建辅助线，并将其精确比定位在第一张 Banner 上，如图 4-2-11 所示。

图 4-2-11　绘制标尺

（2）制作 Banner 动画

1 调整位置。选中四张 Banner 图层，按 <P> 键调出位置，在第 5 帧插入关键帧，在第 20 帧的位置也插入关键帧，将四张 Banner 向上移动，将所有图层的关键帧选中，按 <F9> 键增加一个缓存运动，如图 4-2-12 所示。

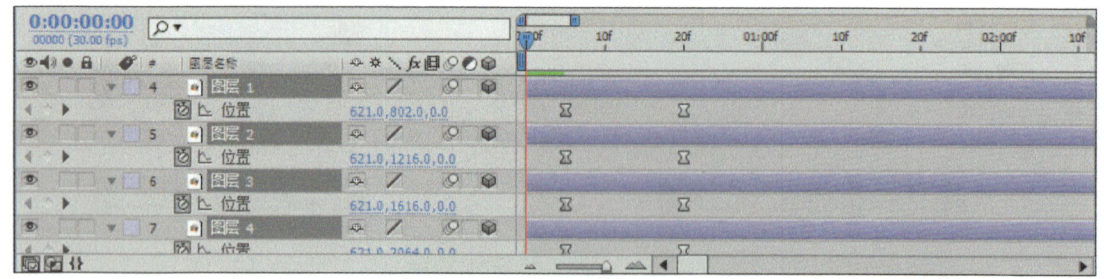

图 4-2-12　调整位置

2 调整轴心点。首先，按住 <R> 键以启用旋转功能，这里是通过调整旋转轴向来创造立体效果。随后,单击 3D 图形,会弹出一个显示 3D 数值的面板。在这个面板中,逐个单击各个图层,并将它们的中心点移动到图片的最上方。这样在旋转时,图形就会围绕这个新的中心点进行旋转,如图 4-2-13 所示。

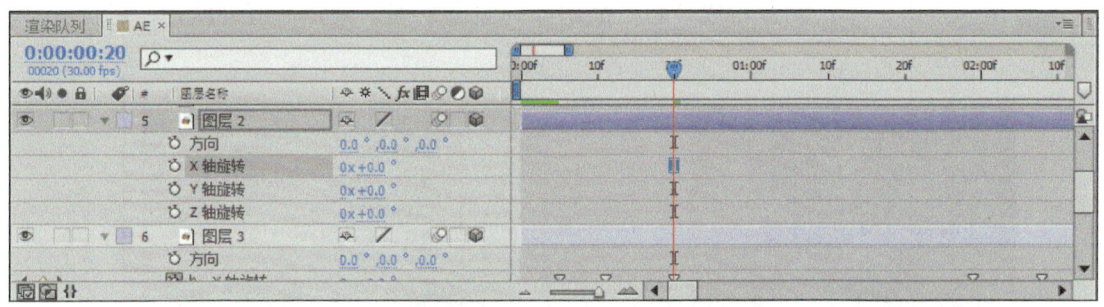

图 4-2-13 调整轴心点

3 调整轴动画。在第 5 帧和第 20 帧的位置,插入 X 轴旋转的关键帧,并在第 11 帧调整值为 32°,再将所有四个图层进行选择,按 <F9> 键增加一个缓存运动。同时为了达到运动过程中真实的效果,在开关处单击模糊工具,如图 4-2-14 所示。

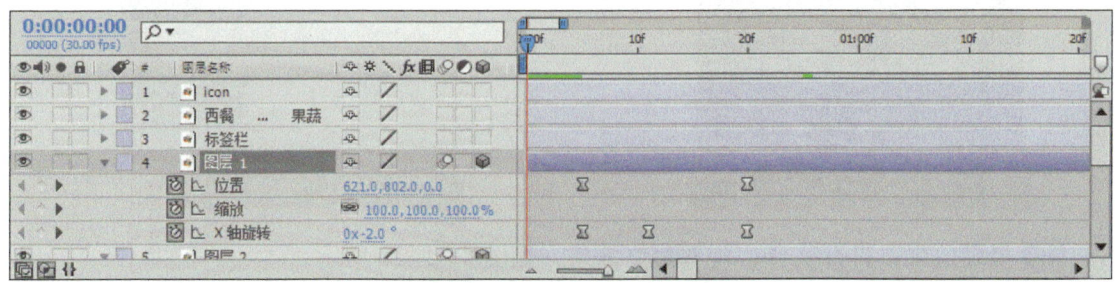

图 4-2-14 调整轴动画

4 重复移动位置。让所有图层再全部移动回原位并消失在画面中,将之前制作的关键帧在第 2 秒处进行复制粘贴,并右击执行"关键帧辅助"的"时间反向关键帧"命令。对于消失画面的制作,在第 4 秒处复制粘贴之前的关键帧,并在最后一帧将所有的图层移出画面,如图 4-2-15 所示。

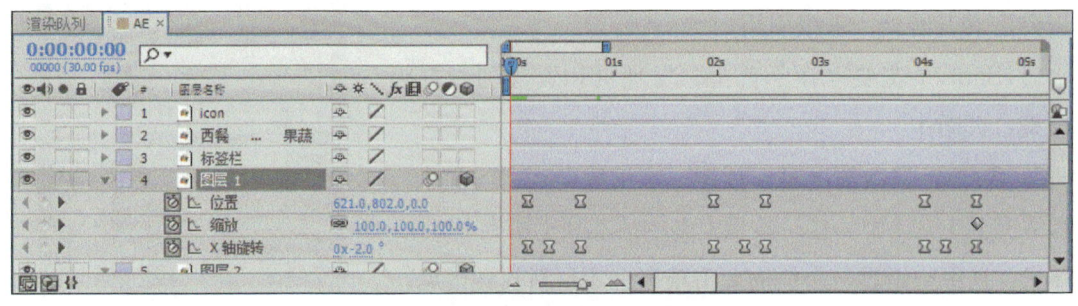

图 4-2-15 重复移动位置

5 弹出 Banner。在第 6 秒插入关键帧，将第一张海报的位置移到最上方，在第 4 秒第 15 帧时插入缩放关键帧，同时在第 6 秒处将缩放关键帧扩大到 160°，如图 4-2-16 所示。

（3）渲染效果

1 渲染效果。单击图像合成，将产品添加到渲染系列，调整好渲染路径，进行渲染，如图 4-2-17 所示。

图 4-2-16 弹出 Banner

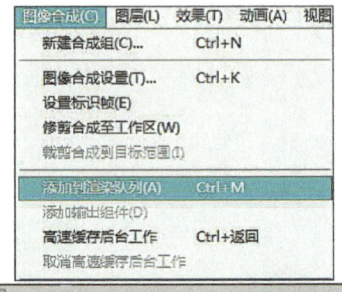

图 4-2-17 渲染效果

2 最终效果。打开文件，观看最终效果，如图 4-2-18 所示。

必备知识

1．Banner

Banner 通常位于界面的顶部，是广告、运营活动、专题、新产品推广等重要信息的展示区域，运用视觉表现的手法突出重点信息，来吸引用户的关注。

1）Banner 主要存在于首页、发现页和资源列表页等信息集合页面中。

2）Banner 多数情况是轮播图，展示数量在 2～8 个，通常情况下 3～5 个为佳，数量太多的话不利于所有 Banner 的曝光，且用户错过一个就需要滑动多个才重新找到信息，体验感也不是很好。

图 4-2-18 最终效果

2. Banner 位的种类

市场上常见的 Banner 类型，根据视觉表现形式主要分为两大类，一种是普通 Banner；一种是通栏 Banner。

（1）普通 Banner 位

普通 Banner 位是比较常见的 Banner 位样式，应用场景非常广泛，适合在多种类型的产品中展示。根据产品设计风格的不同，界面包含信息的不同以及信息层级的不同，这种 Banner 位又可以有多种样式。

1）与内容齐宽，单独存在：具体表现就是广告位的宽度基本是与内容展示区域同宽，与屏幕两侧预留间距，保证了界面上方的透气性。

整理了各种产品的 Banner 位后发现，目前这种类型的 Banner 应用最为广泛。原因可能是最近流行的设计风格强调信息和留白，很多小众 APP 和新改版的 APP 都是这种风格。

优点：在界面中的位置相对靠下，位于用户的视觉交点处，且背景是纯白色的，可以第一时间引起用户的注意；这种类型的 Banner 尺寸偏小，不会压缩下方内容的展示区域；两侧预留间距，保证了界面的透气性，让产品看起来更轻盈，可以满足界面对简约的追求。如图 4-2-19 所示。

图 4-2-19　与内容齐宽，单独存在

2）与内容齐宽，单独存在，有背景衬托：这种类型的 Banner 位样式是在前面样式的基础上，增加了背景衬托，让界面头部的视觉感受更加丰富，这里的背景底色可以是品牌主色；也可以与 Banner 同色调，随着 Banner 的切换进行颜色变化。

优点：背景颜色渲染，界面色彩更加丰富和饱满；背景颜色随 Banner 色调变化，头部色调更统一；下方内容展示视觉样式比较复杂，色彩比较丰富的时候，这样的头部可以压得住。如图 4-2-20 所示。

3）多个同时展示：这个是在单独存在的基础上，将左右切换的 Banner 展示出一部分让用户可以看见。

优点：用户可以直接看到左右两边的 Banner，更好地促进用户左右切换进行浏览；Banner 展示区域更大，视觉上更霸气，在没有背景衬托的情况下，可以压住下方更丰富的视觉样式，如图 4-2-21 所示。

图 4-2-20　有背景衬托

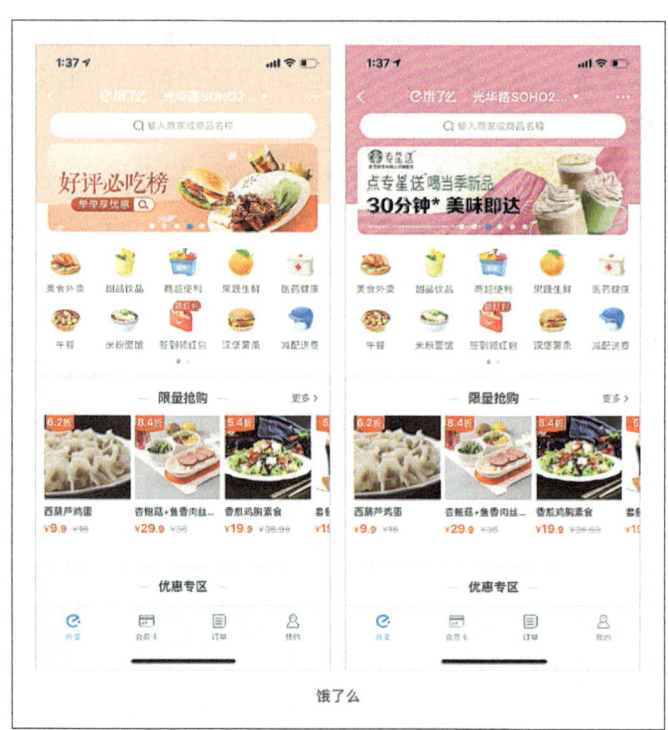

图 4-2-21　多个同时展示

4）Banner 与屏幕齐宽。

优点：这样的 Banner 让界面看起来更加规矩，可以将上下内容进行很好的区分；Banner 位样式比较简单，所以可以在底边做一些变形，让下方的内容适当上移，这样可以在屏幕上预留更多的内容展示区域，如淘宝、优酷等；如图 4-2-22 所示。

（2）通栏 Banner 位

Banner 的位置直通接通向界面顶部，将导航栏和电池电量条都包括在内。

优点：Banner 将导航栏等信息都纳入其中，所以界面顶部整体性强；不需要单独为导航栏等信息单独预留空间，所以可以为界面节省空间，如图 4-2-23 所示。

图 4-2-22　Banner 与屏幕齐宽　　　　图 4-2-23　通栏 Banner 位

3. 排版与构图

所有 Banner 版式都是大同小异的，因为 Banner 其实主要就是由文案、模特或商品、背景、点缀物（不一定有）组成，而这些元素相当于平面构成里的点线面，当改变这些元素的角度、距离、大小、数量、样式、颜色等，新的版式也就相应产生，可以根据具体情况进行变通，不同的需求和目的都影响到版式和构图的选择。

（1）从活动主题的角度（主要是根据活动主题确定风格以后的角度）

1）优惠减价的热闹促销。一般此类 Banner 画面中会有较多点缀物，喜欢用大面积暖色，其目的是营造热闹的氛围，给人热情有亲和力的感觉，版式以上下或者左右居中排版的方式居多，这种方式的视觉更聚焦醒目，如图 4-2-24 所示。

2）年轻活力，不拘一格。这种主题的 Banner 设计其实跟热闹促销的方法类似，但这种画面里的点缀元素或者模特样式表现得俏皮活力和时尚，色彩一般较艳丽或明亮，营造出一种青春活力、个性十足的感觉，排版方式没有什么特别的限制，发挥空间非常大，如图 4-2-25 所示。

图 4-2-24　优惠减价海报　　　　图 4-2-25　年轻活力海报

3）简洁素雅，高端大气，这类Banner重在体现一种优越感、神秘感、品质感等，画面中需要多留白，建议用一些简洁的或有棱角的图形设计，切忌用一些较可爱、柔美和复杂的线条；同时，商品或模特的品质要高，这个版式风格与"优惠减价的热闹促销"是相反的，如图4-2-26所示。

图4-2-26　简洁海报

（2）从信息优先级的角度

1）强调品牌。品牌的文案、Logo或者代表性人物会较突出，如图4-2-27所示。

2）强调商品信息，如图4-2-28所示。

3）强调整体的氛围，将商品融入氛围中，如图4-2-29所示。

图4-2-27　品牌海报

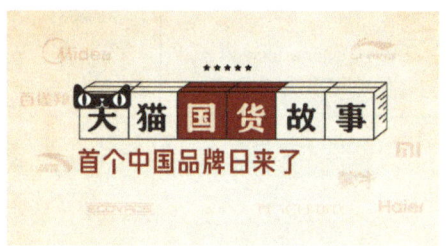

图4-2-28　商品海报

图4-2-29　整体氛围海报

（3）从品牌调性的角度

品牌调性可以简单地理解为某个平台或者商家的品牌风格统一性，通过某个统一的元素或者统一的设计版式使品牌具有唯一辨识度。这对品牌建设、品牌理念体现等有很大作用，也能使一个平台更具整体性，一般大品牌或者大平台会比较注重这个，这种版式就没有固定的参考模版，可以通过相关例子感受下。

1）以品牌Logo为版式，突出品牌又具有趣味性，如图4-2-30所示。

2）统一某种形式并使之成为品牌特点，提高辨识性，如图4-2-31所示。

3）统一版式，不同文案、商品和配色，使同一主题不同专题的活动间具有较强相关性，活动版块内容较多，但统一版式后显得更具条理和整体性，一定程度上提高了用户体验感。如图4-2-32所示。

学习单元 4　Banner 和控件设计

图 4-2-30　品牌调性海报

图 4-2-31　品牌特点海报

图 4-2-32　统一版式海报

任务拓展

1）请根据项目需求，收集同类型 Banner 并进行分析。

2）设计"美食天下"的其他 Banner，如图 4-2-33 所示。

3）请根据项目需求，收集 Banner 动效的动画效果，不少于 5 个。

4）根据内容自行设计"美食天下"的轮播 Banner 动效效果。

图 4-2-33　效果图

任务 3　文学阅读 APP 加载动效设计

任务描述

E-design 设计公司近期承接"文学阅读"APP 的设计项目。"文学阅读"APP 是一款专注文学传播的 APP，但里面需要动态效果，风格要求写实，单击图标后会进入程序的加载页面。

面对这样的境况，设计师需要明确在适合的时机、具备明确的价值与完整的方案，才可以推动团队执行。通过四个设计步骤来完成该项目的动效制作，如图 4-3-1 所示。

图 4-3-1　设计步骤

任务实施

1．设计前期准备

（1）梳理场景，选对方法

调研的竞品分为竞品和类竞品。竞品是跟自己产品类型相近的 APP，而类竞品是市面上做得出彩的 APP，分别对他们的加载样式录屏和截图。

1）加载场景。

2）加载方法。

（2）分析加载样式

1）动效形态。

2）动效动态。

3）风格颜色。

（3）单场景设计—多场景验证（见图 4-3-2）

（4）确定设计方案（见图 4-3-3）

图 4-3-2　创意构思

图 4-3-3　确定设计方案

学习单元 4　Banner 和控件设计

2．加载动效制作

（1）常规参数设置

新建文档。打开 AE 软件，单击"合成"，新建一个合成，打开合成设置对话框，设置宽度为 750 像素，高度是 1334 像素，帧速率为 30 帧/秒，持续时间为 30 秒，如图 4-3-4 所示。

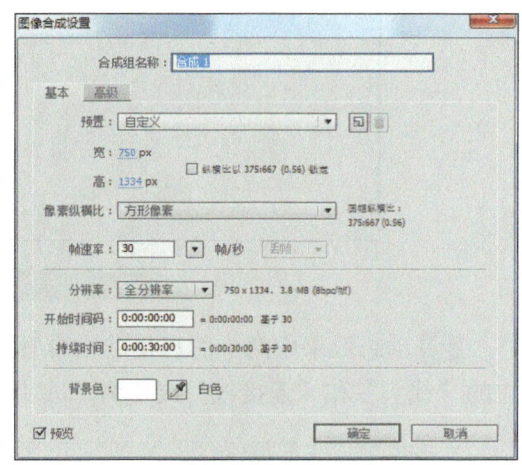

（2）加载图标绘制

1 新建圆环。双击"椭圆工具"按钮，得到正圆，关闭填充，添加描边颜色，粗细为 42 像素。单击 <S> 键，将图层中缩放 40%，效果如图 4-3-5 所示。

2 制作渐变圆环，单击"椭圆"图层，添加渐变描边，并将边宽调为 43，编辑渐变颜色，颜色为蓝色（#21D4FD）和紫色（#B425FF），效果如图 4-3-6 所示。

图 4-3-4　新建合成图层

图 4-3-5　制作椭圆形状

图 4-3-6　制作渐变描边

3 目前的椭圆色彩不顺滑，调整渐变的起始点，开始点为（358.0，235.0），结束点（100.0，277.0），制作成一个渐变的色环，效果如图 4-3-7 所示。

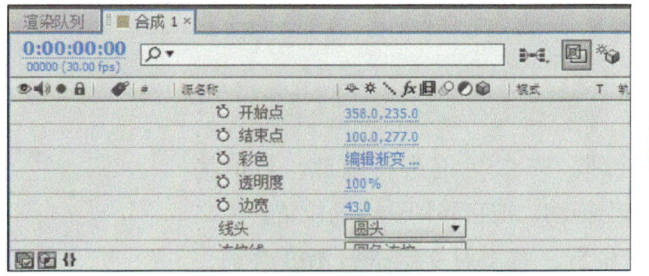

图 4-3-7　制作渐变色环

（3）制作 LOADING 动效

1 首先制作椭圆的动画效果。单击动画，在第 1 帧将开始和结束数值设为 0°，在第 1 秒处将开始和结束数值设为 100°，并调整开始的动画，与结束数值相错开。为了让动效循环，再进行旋转动态效果制作，将第 1 帧设置为 0°，将最后 1 帧设置为 360°，效果如图 4-3-8 所示。

— 111 —

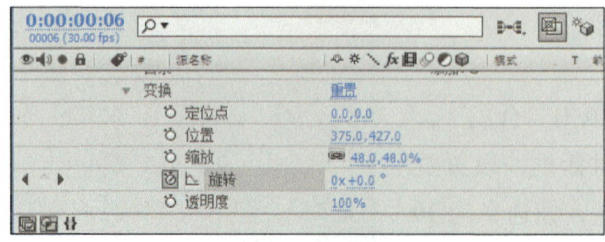

图 4-3-8 制作 LOADING 动画

2 动态效果中两头的直角非常难看,为了让旋转更加平顺,将椭圆中描边 1 和渐变描边的"线头"和"连接线"改变为"圆头"和"圆角连接",效果如图 4-3-9 所示。

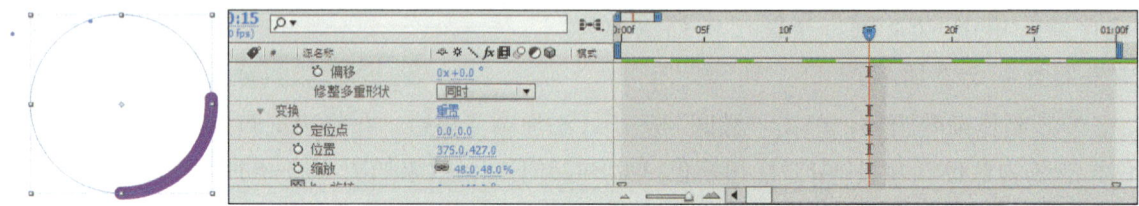

图 4-3-9 制作动效的圆角连接

3 目前的动画规律不太平顺,应调整间距距离。按 <U> 键,将所有动画效果调出,开始调整位置,并选中所有关键帧,按 <F9> 键制作一个缓冲的动效,先快后慢,如图 4-3-10 所示。

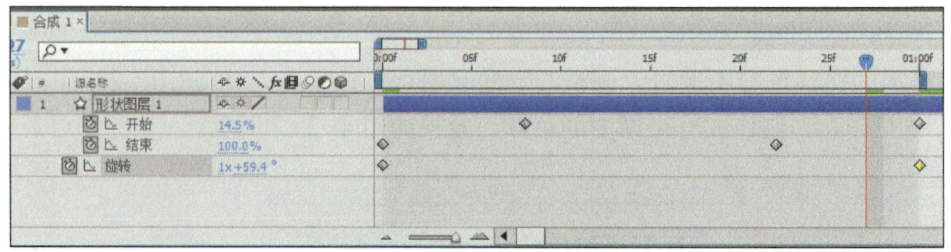

图 4-3-10 调整动画规律

4 将效果图进行放大处理,按 <S> 键进行缩放,数值为 "48%",再按住 <Shift> 键向上拖动,把它移到适当的位置。用文字工具输入 "loading",调整位置,右击对文字进行渐变叠加,并将颜色改为和圆环一样的渐变色,再调整一下角度为 −60°,最终效果图如图 4-3-11 所示。

图 4-3-11 最终效果图

必备知识

1. 加载动效常识

用户能够忍受加载的最长时间是:8 秒。8 秒是一个临界值,如果加载时间超过 8 秒,大部分访问者最终会选择放弃。到了移动端这个体验至上的时代,用户就变得更加"不耐烦"了。这时候,一个能安抚用户情绪的加载动效,意义不言而喻。下面站在设计的角度从以下几个方面对图标进行分析。

1)经过多个调研对象的总结,常见的加载场景一般分为以下 6 种:下拉刷新、上拉刷新、切换新页面的数据加载、页面局部模块的加载、启动页加载和按钮加载。因业务不同,不排除有产品有特殊场景。所以总结出较通用的场景即可,便于多项目并行复用,如图 4-3-12 所示。

2)针对不同的加载场景采取对应的解决方法即可。加载方法的选取要根据通过不同的场景搭配不同的加载样式,才能更好地缓解用户的等待焦虑,如图 4-3-13 所示。

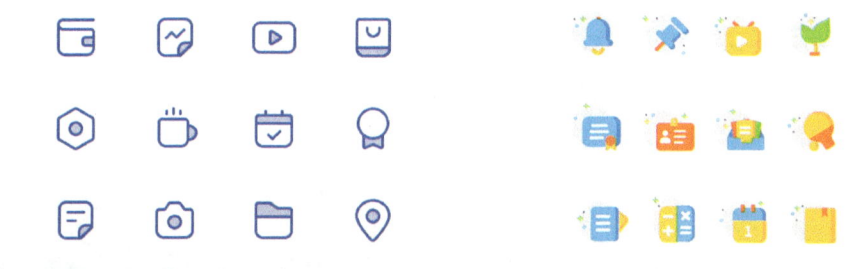

图 4-3-12　图形简洁独特的图标　　　　图 4-3-13　色彩简洁明了的图标

3)动效形态的形态主要分为:形象物、Logo、Slogan、转圈等非品牌样式。

4)加载动态以这 5 种为主:形象物出现、形象物动态、转圈、Logo 出现、Logo 动态,例如,材质突出的图标如图 4-3-14 所示。

5)加载的风格分为扁平和立体,颜色分为主题色和非主题色,例如,重点突出的图标如图 4-3-15 所示。

图 4-3-14　材质突出的图标　　　　图 4-3-15　重点突出的图标

2. UI 动效的类型

(1)尽可能使用微交互

微交互是一个完成某项任务中稍纵即逝的时刻。它的主要作用就是帮助用户清晰地了解到交互已经完成。例如，生动的按钮、开关、切换或者其他。微交互在交互动效中十分重要，实际上，微交互可能是设计的未来。

（2）展示进度

展示进度交互主要展示 APP 的刷新或者加载状态。下拉刷新在如今的 APP 设计中很流行。它不仅具有信息性，同时也很时尚、美观，更重要的是它会让用户等待加载内容的这段时间变得愉悦。

（3）展示关键导航

清晰的导航一直是数码产品交互设计师的关心点。用户通常希望一眼看到最关键的东西。通过动效暗示导航的选中状态，会立刻将用户引导到指定内容，如图 4-3-16 所示。

（4）给数据可视化加点魔术效果

数据可以通过形状、颜色、渐变、呼吸感的布局以及动态运动表示，如图 4-3-17 所示。

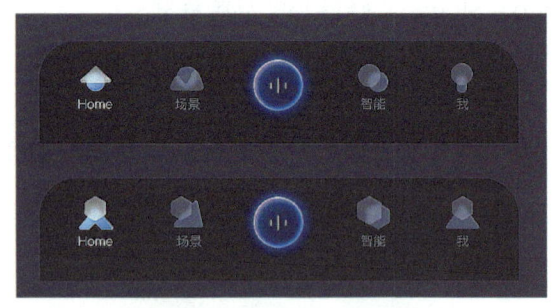

图 4-3-16　关键导航

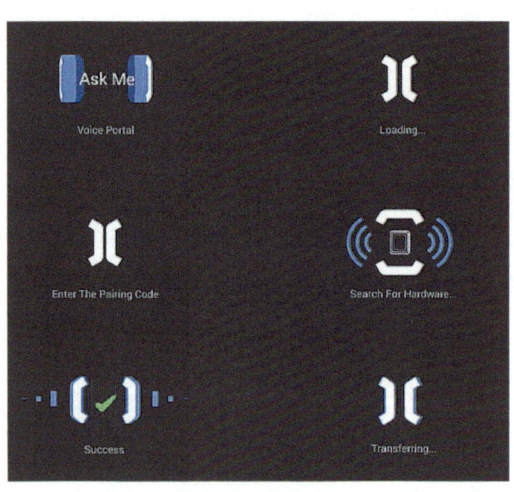

图 4-3-17　数据可视化加点魔术效果

任务拓展

参考如图 4-3-18 所示的 APP 图标，画出设计草图并使用 Photoshop 软件制作最终效果图，可以跟原图保持一致，也可以在此基础上有所发挥，亦可以自行设计一款图书阅读类 APP 的图标。

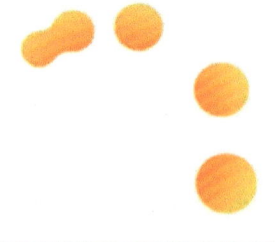

图 4-3-18　参考图标

实战强化

1）收集 20 款较为喜欢的 Banner 广告，通过观察和对比，按照一定的类别进行归类，并分析不同类别 Banner 的特点有哪些？设计时的问题有哪些？

2）Banner 广告设计项目。设计一条富有端午节特色的电商 APP 促销活动的 Banner 广告，要求体现传统节日常见元素和活动主题，同时突出促销和折扣信息，以吸引用户单击并购买促销产品。具体要求如下。

尺寸和格式：设计尺寸为宽×高 =750 像素×300 像素，分辨率为 300dpi，格式为 JPEG 或 PNG。

背景设计：使用淡雅的绿色作为背景，以呼应端午节的自然氛围。在背景中添加龙舟竞渡的插画或照片，以呈现端午节传统活动的氛围。

标题设计：在广告顶部设计一个横幅，标题为"端午节特惠促销"，字体大小适中，选用清晰易读的字体，颜色为白色。

促销信息设计：在广告中部设计一个矩形区域，添加促销信息和折扣标志。例如，"满 100 减 50，满 200 送礼品"，字体大小适中，选用清晰易读的字体，颜色为黄色或橙色。

产品展示设计：在广告下方设计一个横向滚动条，展示多款促销产品的图片和名称。每个产品图片和名称的尺寸和间距要适中，以保持整体视觉效果美观。

按钮设计：在广告底部设计一个"立即购买"按钮，背景色为淡蓝色，字体颜色为白色，字体大小适中，选用清晰易读的字体。同时，按钮周边应留白，以增加视觉冲击力。

整体效果要求：整体设计风格要简洁明快，色彩搭配要和谐统一，突出促销信息和折扣标志。同时要体现端午节特色，使用插画或照片等元素呈现传统氛围。

单元小结

通过本单元的学习对 Banner 和控件设计有了全面而深入的了解。

在 Banner 设计方面，掌握其基本概念和重要性，理解了其在 UI 设计中的核心地位。学会如何根据核心功能和用户群体提炼出设计元素，并通过背景、配图、文案和按钮的协调组合，创造出既吸引人又具辨识度的 Banner 作品。培养对设计细节的敏感度和审美能力，能够独立完成高质量、具有创意的 Banner 设计。

在控件设计方面了解控件在 UI 设计中的重要作用，明确控件设计的目标和要求。掌握控件设计的基本原则，如美观、清晰和符合操作习惯等，并学会根据功能需求合理分配控件对象，并设置关键属性。

通过本单元的学习，不仅提升了设计技能，还培养了创新思维和解决实际问题的能力。通过案例分析和实践操作，能够将理论知识与实际工作相结合，为未来的 UI 设计工作打下坚实的基础。

学习单元 5

应用界面设计

单元概述

手机应用界面设计单元旨在教授如何创建和优化移动设备应用界面,涵盖设计原理、实践应用等内容。学习者将掌握色彩搭配、排版技巧、图标设计以及交互设计等关键要素,学习使用专业工具绘制草图、制作原型,并深入了解用户需求和行为分析,以提升应用的易用性和用户满意度。通过实践项目的练习,学习者将能够独立完成应用界面的设计工作,为未来的职业发展奠定坚实基础。

学习目标

1)学习如何分析和理解目标用户的需求、偏好和行为模式。

2)理解并应用基本的设计原则,如一致性、清晰性、可访问性、简洁性和美观性等。

3)识别并熟悉常见的界面元素,如按钮、图标、文本框、导航栏等。

4)掌握色彩理论和色彩心理学,以创建符合应用主题和用户偏好的色彩方案。

5)学习排版原则,如字体选择、字距、行距等,以确保文本信息的清晰易读。

6)培养创意思维,以产生独特且引人注目的设计方案。

7)培养批判性思维,以评估和优化设计方案,确保它们满足用户需求和商业目标。

任务1　植树节背景插图及天气界面设计

任务描述

随着环保意识的日益增强,植树节成为公众关注的重要节日。为了响应环保号召,提升用户体验,计划在APP中制作一个以植树节为主题的特色页面。本任务需求旨在明确植树节插图设计、天气界面设计等方面的内容,以确保页面制作效果达到预期目标。

1．植树节插图设计

设计理念：插图应体现植树节的环保主题,展现绿色生态、人与自然和谐共生的美好愿景。

插图内容：

主体图案：设计一棵茁壮成长的树苗,周围环绕着其他植物和动物,形成一幅生机勃勃的生态画面。

细节元素：在插图中加入植树节相关的元素,如铲子、水桶、手套等,突出植树节的特色。

背景设计：采用清新的绿色调作为背景,营造自然、舒适的氛围。

插图风格：插图应采用手绘或插画风格,色彩鲜明、线条流畅,具有艺术感和观赏性。

2．天气界面设计

设计目标：天气界面应简洁明了,同时融入植树节主题元素,提升用户体验。

布局设计：展示天气信息,包括温度、湿度、风向等,采用图标和文字相结合的方式,便于用户快速了解天气状况。

主题元素融入：在天气界面的适当位置加入植树节插图中的元素,如树苗、叶子等,使界面与植树节主题相呼应。

任务实施

1．植树节背景插图设计

（1）常规参数设置

新建文档。启动Photoshop软件,打开"新建"对话框,设置宽度为400像素,高度为400像素,分辨率为72像素/英寸,颜色模式为RGB颜色,如图5-1-1所示。

（2）绘制草稿图

1 小女孩草图绘制。新建一个图层,按<D>键恢复默认前背景色,按<B>键调整画笔工具大小,用手绘板开始绘制草

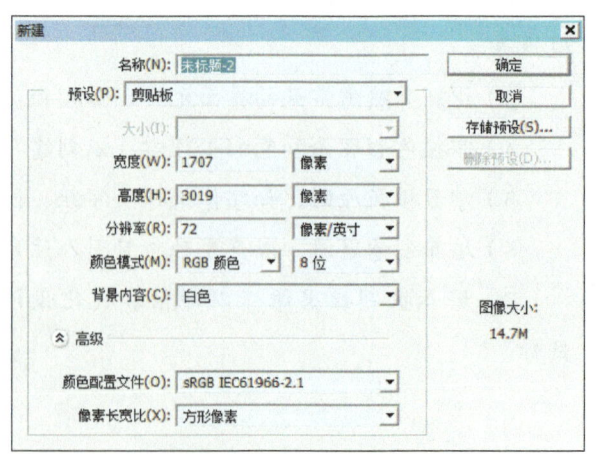

图5-1-1　新建文档

稿。先绘制小女孩的线稿。如图5-1-2所示。

2 背景草图绘制，新建图层设置为背景图，继续用手绘板开始绘画背景草稿，如图5-1-3所示。填充背景色。按<Shift>键选择4个图层，按<Ctrl+G>键编组。在草稿图层下方新建图层，按<Alt+Delete>键填充前景色为淡蓝色，用淡蓝色画笔涂抹背景下方，如图5-1-3所示。

图5-1-2 小女孩草图绘制　　　　图5-1-3 背景草图绘制

（3）绘制背景图上色

1 绘制背景上色。新建图层，用椭圆工具按住<Shift>键绘制椭圆，填充颜色。再按住<Alt>键拖动复制多个，调整大小和位置，填充颜色。再用钢笔工具勾勒形状，再继续用椭圆工具绘制椭圆，再用矩形工具绘制矩形，如图5-1-4所示。

2 绘制树枝。同理继续用钢笔工具勾勒树枝，编组，再复制2个，调整大小、方向和位置。再调整细节，如图5-1-5所示。

图5-1-4 绘制背景上色　　　　图5-1-5 绘制树枝

3 绘制云朵和月亮。用椭圆工具绘制正圆作为月亮。再新建图层，用钢笔工具勾勒出不同形状的云朵，填充云朵颜色为R：250、G：226、B：182，并分别放在月亮的前后位置上，突显层次感，如图5-1-6所示。

图 5-1-6　绘制云朵和月亮

（4）绘制女孩

1️⃣ 绘制女孩头部。同理，用钢笔工具和椭圆工具绘制出女孩的脸部，根据所画的草稿。把女孩的脸部、头发还有五官分别分图层进行绘制，并填充颜色，如图 5-1-7 所示。

2️⃣ 绘制女孩身体。同理，用钢笔工具和椭圆工具绘制出女孩身体，根据所画的草稿，把女孩的脖子、身体还有衣服分别分图层进行绘制，并填充颜色，如图 5-1-8 所示。

图 5-1-7　绘制女孩头部　　　　　图 5-1-8　绘制女孩身体

3️⃣ 绘制女孩披风。用钢笔工具绘制出女孩身体的披风，填充白色，并降低不透明度为 47%，如图 5-1-9 所示。

（5）最终效果调整

1️⃣ 添加背景质感。太阳图层上方新建图层，创建剪切蒙版，用颗粒画笔给形状添加质感。同理，给其他形状添加质感，如图 5-1-10 所示。

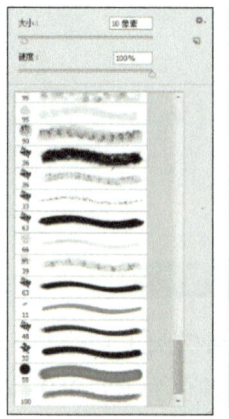

图 5-1-9　绘制女孩披风　　　　图 5-1-10　添加背景质感

2 添加女孩脸部质感。在女孩脸部图层上方新建剪切图层，用淡粉色画笔绘制腮红，头发丝是通过画笔绘制出来的，如图 5-1-11 所示。

3 绘制文字。新建图层，选择自定义形状工具，选择自己喜欢的形状，进行绘制，并将活动主题打上"植树节"的文字，并填充与树木一样的颜色，最终效果如图 5-1-12 所示。

图 5-1-11 添加女孩脸部质感

图 5-1-12 最终效果

2. 手机天气界面

（1）常规参数设置

新建文档。启动 Photoshop 软件，打开新建对话框，设置宽度为 1080 像素，高度为 1920 像素，分辨率为 72 像素/英寸，颜色模式为 RGB 颜色，如图 5-1-13 所示。

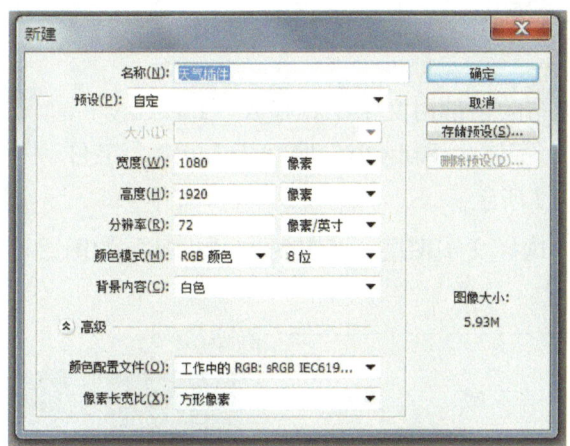
图 5-1-13 新建文档

（2）背景设置

1 新建图层 1，设置前景色为 #0a7776。按 <Alt+Delete> 组合键进行颜色填充，如

图 5-1-14 所示。

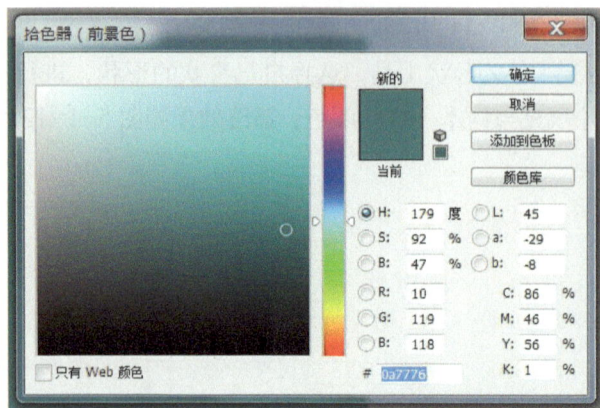

图 5-1-14 设置前景色

2 绘制背景纹理。选择背景图层，按<Ctrl+J>组合键复制图层，选择复制的图层，执行"滤镜"→"像素化"→"彩色半调"命令，参数设置如图 5-1-15 所示，然后将图层混合模式设为"色相"，填充设为"20%"，效果如图 5-1-16 所示。

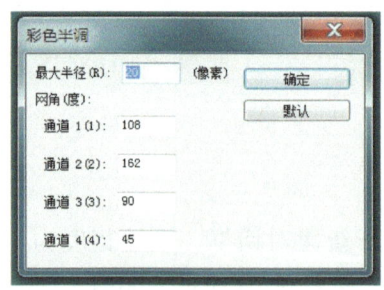

图 5-1-15 彩色半调参数　　　图 5-1-16 效果图

（3）添加文字

1 输入文字。在画布的顶部用文字工具输入"Tuesday"，颜色为白色（#ffffff），字体为 Roboto，属性为 Light，字号为 140，效果如图 5-1-17 所示。

图 5-1-17 添加文字

2 添加投影效果。选择文字图层，为其添加"投影"的图层样式，参数设置和效果如图 5-1-18 所示。

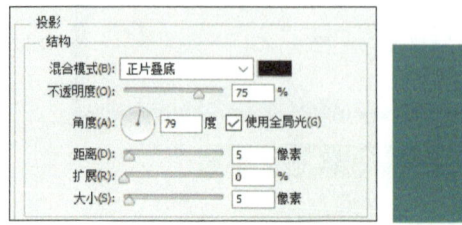

图 5-1-18 投影参数

（4）绘制图形

1 绘制天气图形。选择"钢笔工具"，绘制云朵形状，并填充颜色为白色（#ffffff），效果如图 5-1-19 所示。

2 为图形添加投影效果。选择云朵图层，为图层添加"投影"的图层样式，参数设置和效果如图 5-1-20 所示。

图 5-1-19　图形效果

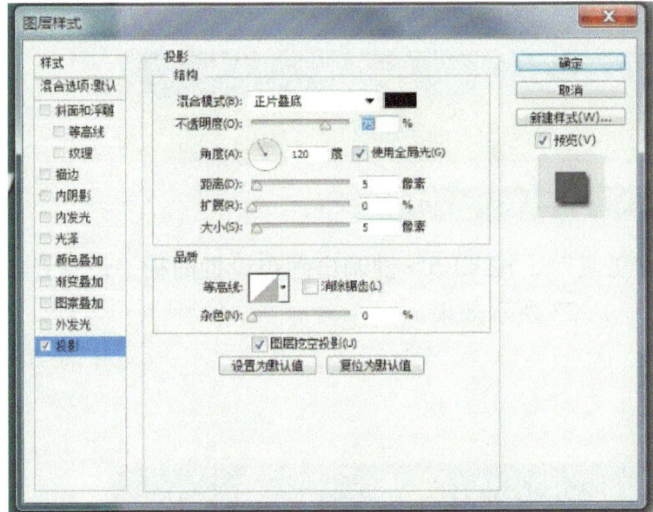

图 5-1-20　云朵投影参数设置和效果

3 添加文字。在云朵形状的下部用文字工具输入"20℃"，设置颜色为白色（#ffffff），字体为 Roboto，属性为 Light，字号为 200，并为图层添加"投影"图层样式，参数设置和效果如图 5-1-21 所示。

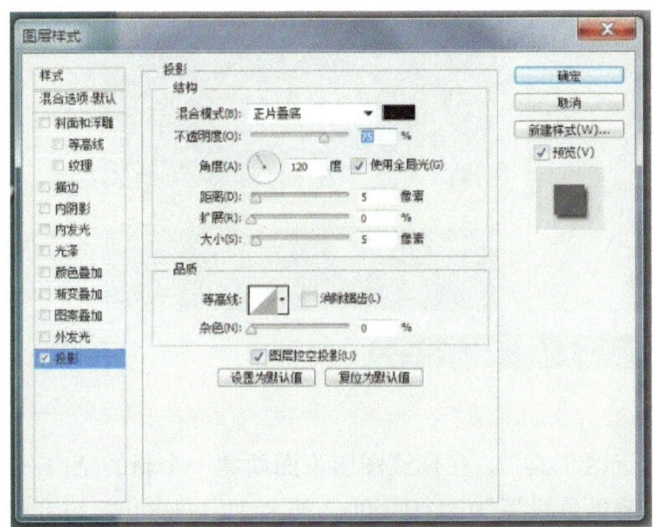

图 5-1-21　文字投影参数设置和效果

(5)制作底部标签

1 绘制标签基本形。选择"矩形选区工具",新建一个新的空白图层,在画布的下部绘制一个矩形选区,将前景色设置为#e0e219,按<Alt+Delete>组合键填充前景色,选择"多边形工具",将模式设为"形状",设置变数为"3",填充颜色为#e0e219,在矩形上部正中位置绘制一个如图5-1-22所示大小的三角形。按<Ctrl+E>组合键将三角形图层和矩形图层进行合并。

图 5-1-22 绘制标签基本形

2 添加标签细节。选择"橡皮擦工具",按<F5>键调出画布设置面板,设置橡皮擦工具参数,并用橡皮擦工具擦出如图5-1-23所示效果。

图 5-1-23 添加标签细节

3 添加图层样式。选择标签图层,为图层添加"投影"图层样式,参数设置和效果如图5-1-24所示。

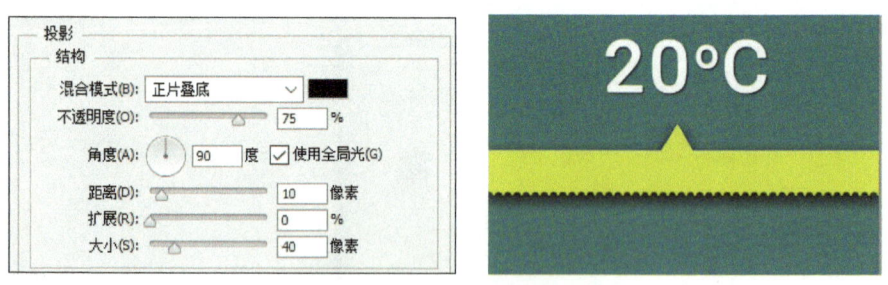

图 5-1-24 添加图层样式

(6)制作底部托盘

1 绘制托盘基本形。选择"矩形选区工具",在标签图层下面新建一个新的空白图层,在画布的下部绘制一个矩形选区,将前景色设置为#c04b0b,按<Alt+Delete>组合键填充前景色,效果如图5-1-25所示。

学习单元 5　应用界面设计

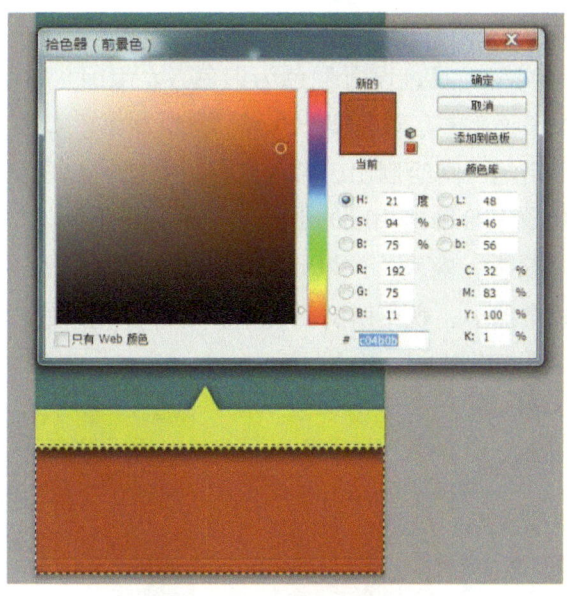

图 5-1-25　填充颜色

2 添加分界栏。选择"直线工具",将模式设为"形状",设置宽度为 3 像素,填充颜色为 #3b3a39,在画布水平 216 像素的位置上绘制一根垂直的直线,然后为直线图层添加"投影"图层样式。选择直线图层,按 <Ctrl+J> 组合键复制图层,并将图层移动到水平 864 像素的位置上,效果如图 5-1-26 所示。

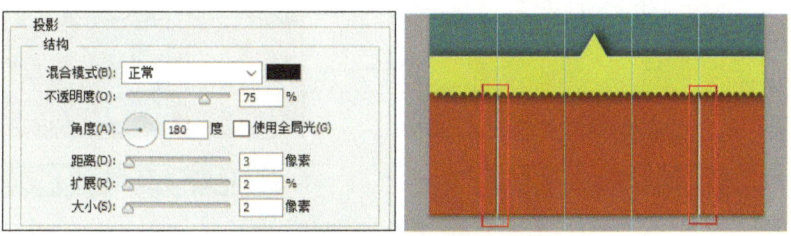

图 5-1-26　添加分界栏

3 添加选择标签。新建一个空白图层,使用矩形选区工具,在画布底部正中位置绘制一个宽度为 216 像素的矩形选区,并填充为深绿色(#0a7876)。选择图层,为图层添加"投影"图层样式,参数设置和效果如图 5-1-27 所示。

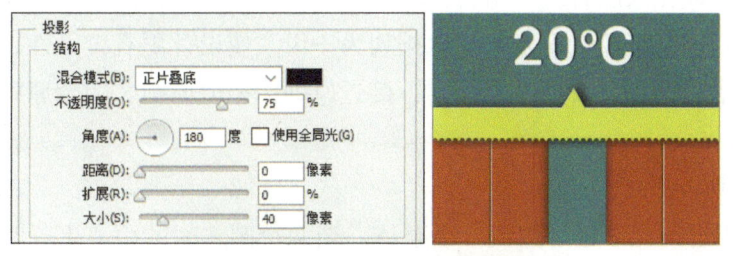

图 5-1-27　添加选择标签

(7) 制作标签文字及形状

1 添加文字。选择文字工具，设置颜色为白色（#ffffff），字体为 Roboto，属性为 Light，字号为 48，输入相应文字，效果如图 5-1-28 所示。

2 添加形状。使用钢笔工具绘制出云朵的形状，使用"自定义形状"工具绘制出太阳和闪电的形状，在相应位置上绘制出相应的形状，使用文字工具添加温度数值，并为所有形状图层和文字图层添加"投影"效果，效果如图 5-1-29 所示。

3 整体调整。将画布缩小，观察所有的元素，对部分元素的样式和位置进行微调，让整体效果更美观，最终效果如图 5-1-30 所示。

图 5-1-28 添加文字

图 5-1-29 添加形状

图 5-1-30 最终效果

必备知识

格式塔理论

格式塔（gestalt）由德文音译而来，意思是"完型""统一的整体"，格式塔理论是一个心理学的概念，即在人眼看到一组物体时，会先关注到主体，然后才会关注到部分。利用这个理论，设计师可以将设计元素有机地排列为一组，使设计更有统一性，会被更好地视为一个整体。格式塔理论包含五项基本原则：接近原则、相似原则、闭合原则、连续原则和简单原则。

（1）接近原则

距离/位置相近的元素趋于组成一个整体。当两个圆之间的距离更近时，视觉系统倾向于将它们视为一个整体或群组，而不是作为六个完全独立的圆来看待，如图 5-1-31 所示。

图 5-1-31 接近原则

该原则在平时的视觉设计中应用比较广泛,设计师在设计的时候会有意识地将相似的功能聚合在一起,让其变成一个整体,使整个页面结构更加清晰,便于理解,如图 5-1-32 所示。

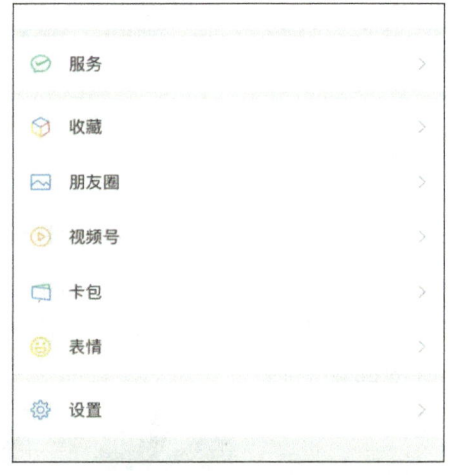

图 5-1-32 接近原则应用

(2)相似原则

有共同视觉元素的物体看起来更有关联性,人们倾向于将彼此相似的元素(如形状、尺寸、方向、颜色等)分为一组,这就意味着当功能、含义和层次结构相同时,应该让它们在视觉上保持一致,如图 5-1-33 所示。

图 5-1-33 相似原则

当界面元素过多,接近原则不足以满足信息层级区分时,可以使用相似原则来统一视觉样式,表达统一的功能性。

例如,图 5-1-34 所示的 APP,使用不同的字号、颜色、形状来创建对比或视觉权重,呈现出不一样的视觉效果，以达到弱化（降低视觉）或凸显（强化视觉）某些内容。除此之外，还有底部 Tab 栏、超链接、按钮、标题等设计，都会用到相似原则。

 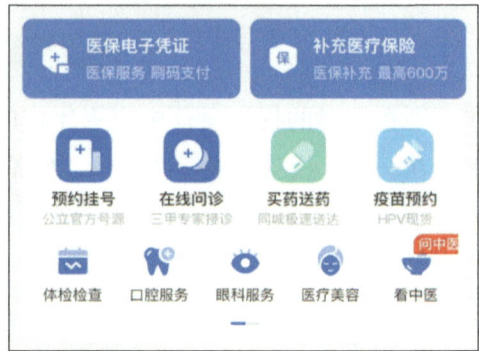

图 5-1-34 相似原则应用

（3）闭合原则

闭合原则即人们的视觉系统倾向于将不完整的局部当作一个整体来感知，看起来与连续性有诸多相似，不过连续性是通过物体的形状和运动方向、按照视觉惯性来制定闭合规律，而封闭性则并无特定规律，只要把握好不完整物体的尺度、使各元素之间相互辅助，就能让其与人们认知模型中的原型匹配。所以，不管是缺少了一部分还是更多，人们都可以自行脑补后将其视作一个完整物体，如图 5-1-35 所示。

图 5-1-35 闭合原则

在图形用户界面中，运用闭合原则做省略或减法处理，可以节省很多空间资源。例如，界面的横向滑动组件，右侧只显示少部分内容用来提示，用户便能自行联想出隐藏的更多内容。还有些卡片设计，下方直接被水平截断，用户看到不完整的形状后也能脑补出缺失的部分，如图 5-1-36 所示。

图 5-1-36 闭合原则应用

(4) 连续原则

连续原则即人的视觉倾向于完整地连接一个图形，而不是零散的碎片，通过感知事物的形状和运动方向将分散的元素连接在一起，使直线继续成为直线，曲线继续成为曲线，并朝着特定的方向延续。

连续原则需要基于人们已有的认知来感知事物的存在，利用视觉惯性进行延续，直至闭合，如果形象过于陌生，则无法产生闭合联想，如图5-1-37所示，虽然是矩形组合，但一眼就能认出这些几何图形。

图 5-1-37　连续原则

UI界面中的Banner轮播图交互模块、图标等，很多都结合了连续性设计来提升用户的视觉体验。如图5-1-38所示，虽然有多个元素拼合或断点处理，但碎而不散，依然能通过惯性思维感知到这是一个完整的元素。

图 5-1-38　连续原则应用

(5) 简单原则

在观察事物的过程中，人们的第一印象更倾向于简单且对称的物体，当看到一个复杂的事物时，神经系统会潜意识地移除无关细节并简化它们，使其成为简单且统一的形状，这就是简单原则。

简单的物体可以降低大脑的认知负荷，更容易被识别。规则、对称的物体能给人一种坚不可摧的感觉，不管有多远的距离，都可以将其归属在一起并成为一个相对的整体，不过有时候，对称的物体会比较单调，可以通过添加一些修饰元素来吸引人们的注意力，如图5-1-39所示。

图 5-1-39　简单原则

瀑布流是该原则最直观的体现，尤其是这种以图片流为主的产品，在很大程度上减轻了用户的阅读压力，提高浏览效率，如图5-1-40所示。

任务拓展

1) 案例名称：环保主题插画设计。

设计理念：环保组织作为一个倡导环保、绿色、可持续发展的组织，需要一个简洁、易识别且具有代表性的图标来展示其品牌形象。手绘稿作为一种具有独特个性和创意的艺术形式，能够为环保组织带来独特的视觉效果，提升其辨识度和记忆性。

要求：图标以绿色为主色调，以树叶和山水的组合为主要设计元素，展现了环保组织的绿色和自然理念。手绘技巧的表现使得图标具有独特的个性和创意，能够吸引人们的关注并留下深刻印象。

2) 根据图5-1-41所示原型图，使用Photoshop或Illustrator软件进行天气控件效果图设计绘制。

尺寸：700px×450px，分辨率：72px。

风格：自行绘制，具有插画风或扁平风（不可直接放照片或风景图）。

说明：请提交PSD、AI格式文件，并附上JPG效果展示图，原型图中标注提示内容请仔细查看后设计，注意查看原型图中的地理位置提示信息（设计需在图片区体现地理位置特点），请综合运用格式塔原理进行设计，完成效果参考图5-1-42所示。

图5-1-40　简单原则应用

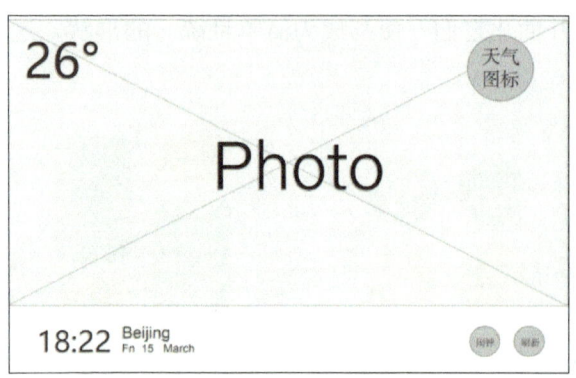

图5-1-41　天气控件原型图　　图5-1-42　天气控件参考效果图

学习单元 5　应用界面设计

任务 2　购物 APP 界面设计

任务描述

随着电子商务的快速发展，女性消费者对线上购物的需求日益增长。为了满足这一市场需求，请设计一款名为"MMM"的女性购物 APP。该 APP 旨在提供一站式的购物体验，涵盖时尚服饰、美妆护肤、家居生活等多个品类，为女性消费者提供便捷、个性化的购物服务。

MMM 女性购物 APP 主要面向 18～45 岁的女性用户，尤其是注重生活品质、追求时尚潮流的年轻女性，她们喜欢在线购物，对价格敏感，同时也注重产品质量和品牌口碑。

任务实施

1. APP 登录界面设计

1 新建文档。启动 Photoshop 软件，打开新建对话框，名称自行设置，设置宽度为 1080 像素，高度为 1920 像素，分辨率为 72，颜色模式为 RGB 颜色，如图 5-2-1 所示。

2 制作背景。按住 <Alt> 键并双击背景图层以解锁背景图层，然后为背景图层添加"颜色叠加""渐变叠加""内发光"三个图层样式，参数设置如图 5-2-2～图 5-2-4 所示，效果如图 5-2-5 所示。

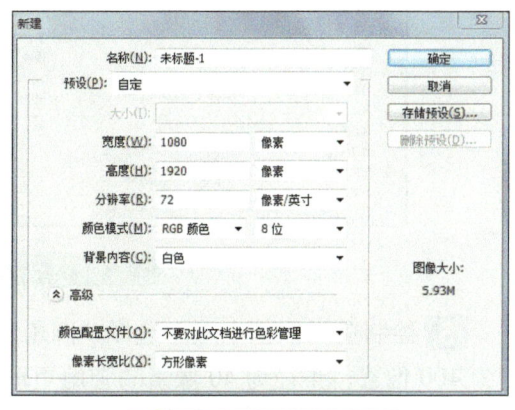

图 5-2-1　新建文档

3 店名设计。在画布的水平和垂直的三等分点上分别拉出参考线，方便进行构图，参考线可以根据自身需求创建，然后在如图 5-2-6 所示位置输入店名。

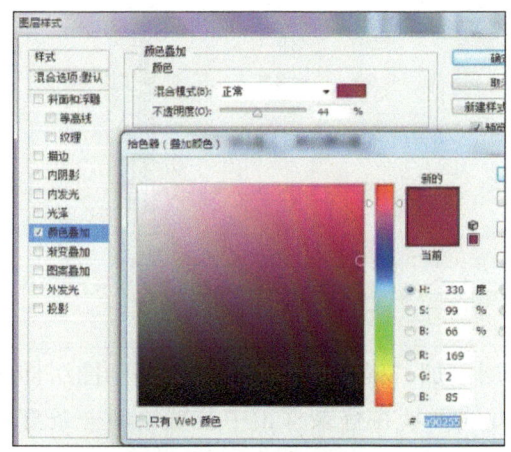

图 5-2-2　背景颜色叠加参数

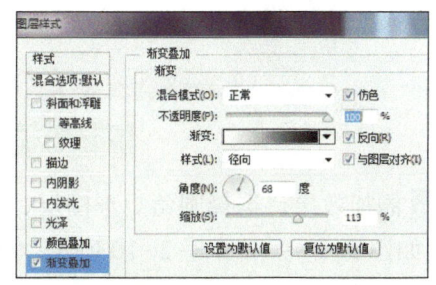

图 5-2-3　背景渐变叠加参数

— 131 —

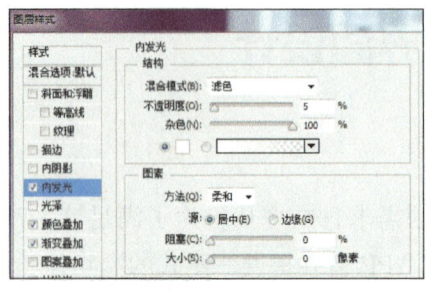

图 5-2-4　背景内发光参数　　　图 5-2-5　背景效果　　　图 5-2-6　店名设计

4 为店名添加效果。选择文字图层，为图层添加"投影"图层样式，在文字旁边添加图标，同样为图标添加"投影"效果，参数设置和效果如图 5-2-7 所示。

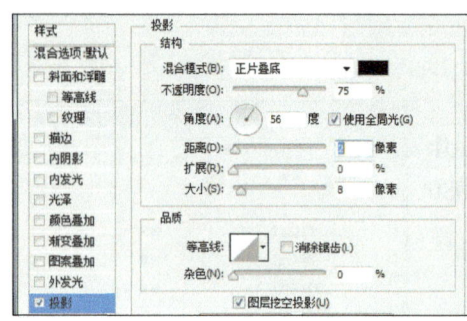

图 5-2-7　店名参数设置和效果

5 绘制登录框基本形。选择"圆角矩形工具"在画布上创建一个宽度为 900 像素，高度为 400 像素，半径为 40 像素的圆角矩形，效果如图 5-2-8 所示。

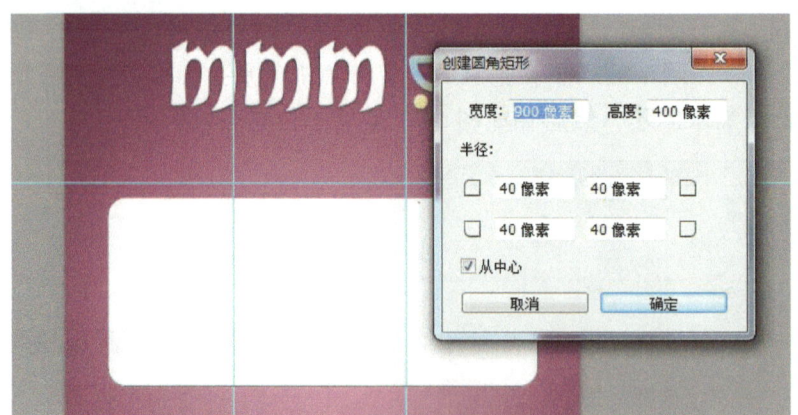

图 5-2-8　绘制登录框基本形

6 添加效果。选择圆角矩形图层，为图层添加"描边""内发光"两个图层样式，参数设置如图 5-2-9 和图 5-2-10 所示，使用直线工具在登录框正中位置绘制一条直线，将登录框一分为二，效果如图 5-2-11 所示。

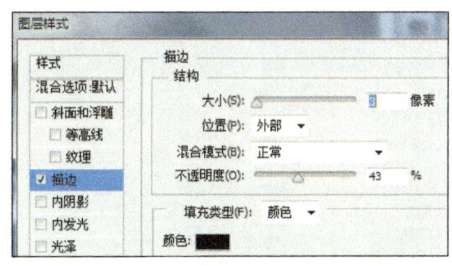
图 5-2-9 登录框描边参数

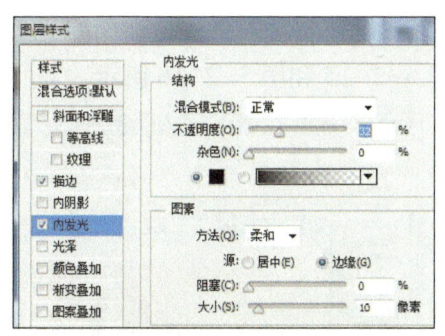
图 5-2-10 登录框内发光参数

图 5-2-11 登录框效果图

7 添加素材。将"素材 1""素材 2"添加到画布中,将两个素材的图层混合模式设为"线性光",不透明度设为"30%",参数设置和效果如图 5-2-12 和图 5-2-13 所示。

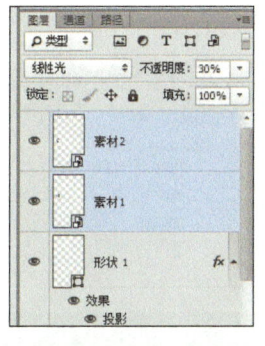
图 5-2-12 添加素材

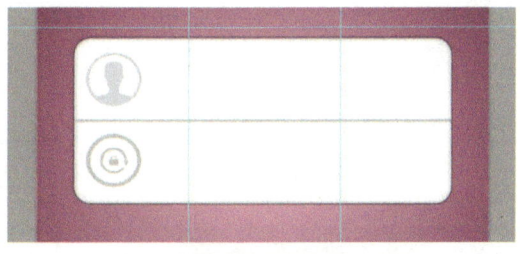
图 5-2-13 素材效果

8 绘制登录按钮基本形。选择"圆角矩形工具",在画布上创建一个宽度为 900 像素、高度为 100 像素、半径为 20 像素的圆角矩形,效果如图 5-2-14 所示。

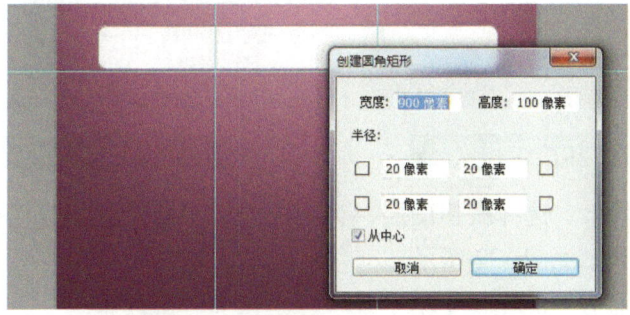
图 5-2-14 绘制登录按钮基本形

9 添加图层样式，选择按钮图层，为图层添加"颜色叠加""投影"图层样式，参数设置如图 5-2-15 和图 5-2-16 所示。

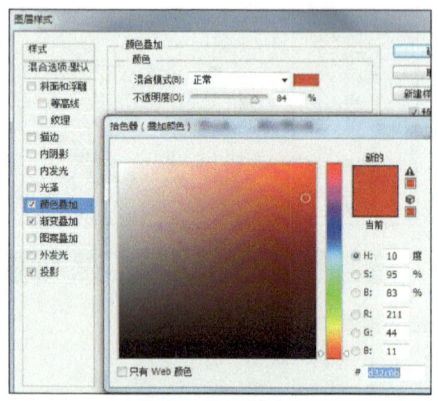

图 5-2-15　登录按钮颜色叠加参数　　图 5-2-16　登录按钮投影参数

10 添加立体效果，选择按钮图层，为图层添加"渐变叠加""内阴影"图层样式，参数设置如图 5-2-17 和图 5-2-18 所示，选择"文字工具"，字体为"微软雅黑"，字号为"60"，颜色为白色（#ffffff），为按钮添加文字"登录"，效果如图 5-2-19 所示。

11 绘制注册按钮，选择"圆角矩形工具"，在画布上绘制一个宽度为 400 像素、高度为 150 像素、半径为 20 像素的圆角矩形，效果如图 5-2-20 所示。

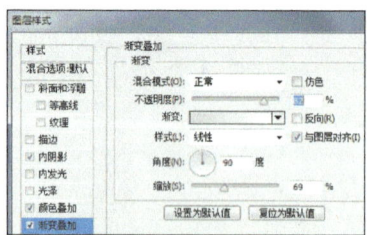
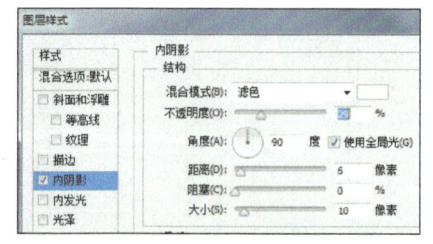

图 5-2-17　登录按钮渐变叠加参数　　图 5-2-18　登录按钮内阴影参数

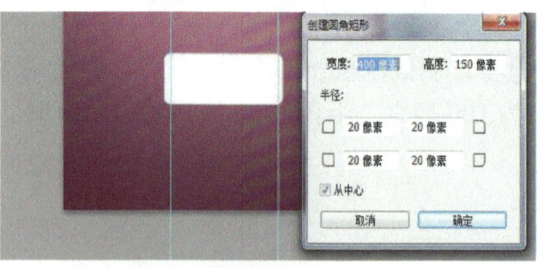

图 5-2-19　登录按钮立体效果　　图 5-2-20　绘制注册按钮

12 为按钮添加效果。选择按钮图层，为图层添加"渐变叠加""描边"图层样式，参数设置如图 5-2-21 和图 5-2-22 所示。

13 添加文字及细节。选择"文字工具"，字体为"微软雅黑"，字号为"60"，颜色为白色（#ffffff），为按钮添加文字"注册"。用椭圆形工具和自定义形状工具绘制出帮助图标，效果如图 5-2-23 所示。

14 添加背景细节。为了让视觉效果更丰富，为背景添加一些图案细节。在店面图层下面新建一个新图层，选择自定义形状工具，将模式设置为像素，设置前景色为黑色，在画布上绘制出各种图案，效果如图 5-2-24 所示。

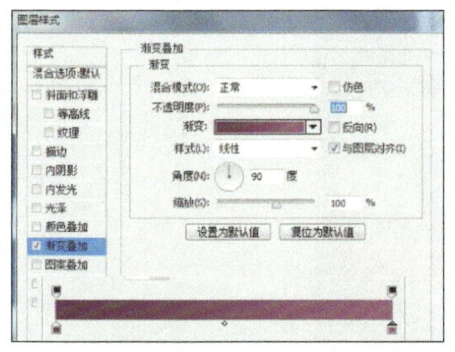

图 5-2-21 注册按钮渐变叠加参数

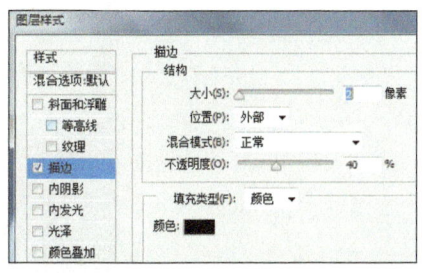

图 5-2-22 注册按钮描边参数

图 5-2-23 添加文字及细节

图 5-2-24 绘制形状

15 融合图案。选择图案图层，将图层混合模式设置为"柔光"，不透明度设置为"20%"，参数设置和效果如图 5-2-25 和图 5-2-26 所示。

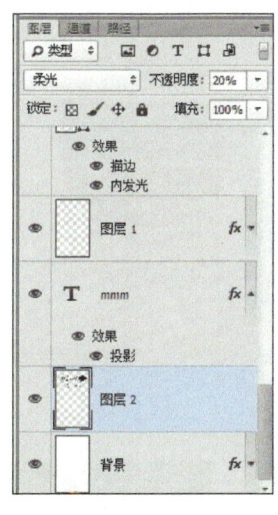

图 5-2-25 设置图层参数

图 5-2-26 效果图

16 整体调整。将画布缩小，观察所有的元素，对部分元素的样式和位置进行微调，让整体效果更美观，最终效果如图5-2-27所示。

图5-2-27 最终效果图

2．APP 主界面设计

（1）确定设计方案

1 设计布局草图。通过网络调查问卷和其他的一些途径相关收集资料，结合收集的相关资料以及根据客户需求特点设计若干布局方案，待例会讨论确定最后方案，如图5-2-28所示。

2 例会讨论确定设计方案。经过例会讨论确定最终的设计布局方案和配色方案，如图5-2-29和图5-2-30所示。

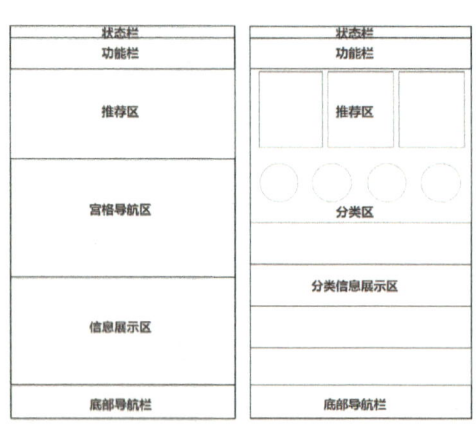

图5-2-28 主界面布局草图

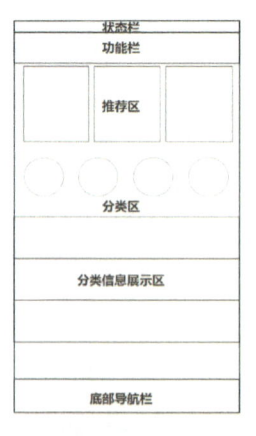

图5-2-29 最终设计布局方案

图5-2-30 配色方案

（2）方案实施

1 新建文档。启动 Photoshop 软件，打开新建对话框，设置名称为"购物 APP 主界面"，设置宽度为 1080 像素，高度为 1920 像素，分辨率为 72，颜色模式为 RGB 颜色，如图 5-2-31 所示。

2 设置标尺单位。在菜单下的"编辑"命令下找到"首选项"中的"单位与标尺"，会弹出首选项框，在单位中设置标尺单位为"像素"。设置参考线，按<Ctrl+R>组合键，在视图区左侧和上方会出现标尺，通过拖拽标尺为图标设置参考线，垂直方向：46px、1038px，水平方向：70px、180px、900px、930px、1730px、1770px，如图 5-2-32 所示。

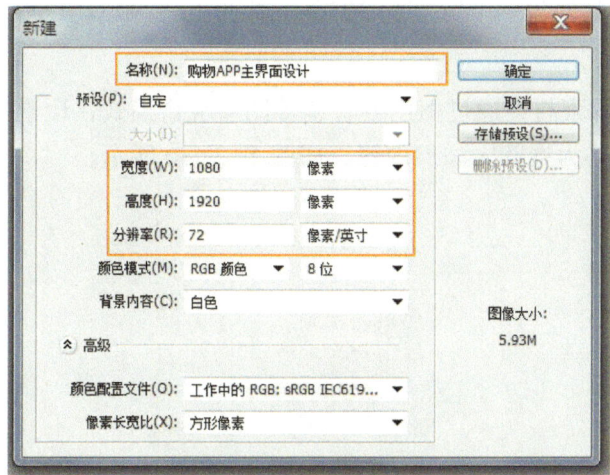
图 5-2-31 新建文档

图 5-2-32 创建参考线

3 制作功能区。选择"圆角矩形工具"，将模式设为"形状"，填充颜色为"#fbead0"在功能区的中心位置创建一个宽度为 700px、高度为 80px、半径为 10px 的圆角矩形，如图 5-2-33 所示。

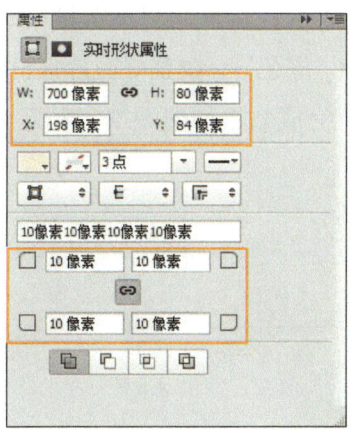
图 5-2-33 制作功能区

4 添加功能区细节。使用"形状工具",结合"钢笔工具"和"文字工具"添加功能区的细节,如图 5-2-34 所示。

图 5-2-34 添加功能区细节

(3) 设计推荐区

1 绘制推荐区基本形。选择"圆角矩形工具",将模式设为"形状",填充颜色为"#fbead0"。在推荐区的左边位置创建一个宽度为 300px、高度为 3700px、半径为 10px 的圆角矩形,如图 5-2-35 所示。

2 添加推荐区内容。添加图片素材,通过抠图或者调整图层混合模式,让素材与背景融合,然后使用文字工具及形状工具为推荐区添加内容,如图 5-2-36 所示。

图 5-2-35 绘制推荐区基本形　　　图 5-2-36 添加推荐区内容

3 完善推荐区。使用相同的方法将推荐区其他类别的内容完善,完成效果如图 5-2-37 所示。

4 制作分类区。选择"椭圆形工具",将模式设为"形状",填充颜色为"#dddddd"在分类区的左边位置创建一个半径为 180px 的圆形。导入图片素材,调整素材尺寸,将素材图层放置在圆形图层上面,将素材图层的混合模式设为"深色",调整好图片素材的位置。然后选择"文字"工具,在相应的位置上输入分类文字,完成效果如图 5-2-38 所示。

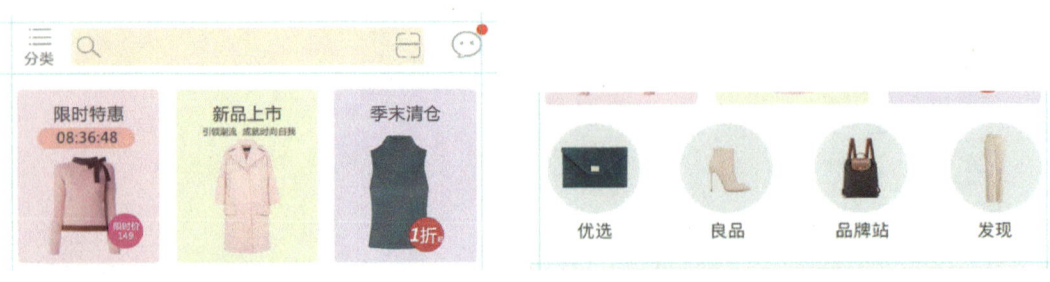

图 5-2-37 推荐区完成效果　　　图 5-2-38 分类区完成效果

5 设计分类信息展示区。选择"矩形工具",将模式设置为"形状",填充颜色为"#968b8f",在分类信息展示区与分类区之间创建一个宽度为1080px、高度为30px的矩形分割区。选择"直线工具",设置宽度为2px,用直线工具将分类信息展示区等分为五个部分,每部分的高度为160px,效果如图5-2-39所示。

图5-2-39 设计分类信息展示区

6 添加形状及素材。选择"圆角矩形工具",将模式设为"形状",填充颜色为"#eeeeee"。在分类信息展示区的右侧位置创建一个宽度为320px、高度为100px、半径为45px的圆角矩形,导入素材,调整素材尺寸,将素材图层放置在圆角矩形图层上面,将素材图层的混合模式设为"线性加深",调整好图片素材的位置,效果如图5-2-40所示。

7 添加文字。选择文字工具,字体设为"微软雅黑",字号设为"40",颜色设为"#414040",在画布相应位置输入"上衣""裤子""手包""精品""鞋子"等标题文字。再将字号设为"30",颜色设为"#7b7b7b",在画布相应位置输入相关文字。分类区完成效果如图5-2-41所示。

图5-2-40 添加形状及素材

图5-2-41 分类区完成效果

(4)设计下部导航栏

1 设计下部导航栏。选择"矩形工具",将模式设为"形状",填充颜色为"#968b8f",在分类信息展示区与下部导航区之间创建一个宽度为1080px、高度为46px的矩形分割区。选择"钢笔工具",用钢笔工具绘制导航栏中的首页图标形状,然后使用"直接选择"工具,框选并将所有路径合并成一个路径。新建新的图层,设置画笔大小为2px,硬度为100%。再到"路径"面板,选择路径并单击路径面板下部的"描边路径"按钮,效果如图5-2-42所示。

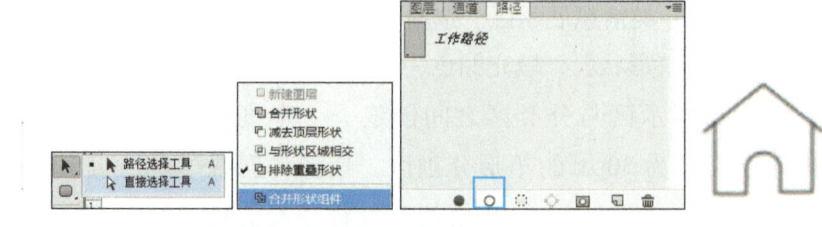

图 5-2-42　绘制导航栏形状

2 完善导航栏。用相同的方法绘制出其他形状并添加文字，效果如图 5-2-43 所示。

图 5-2-43　导航栏效果

（5）最后完善

1 制作状态栏。使用形状工具和文字工具，完成状态栏的设计制作（状态栏制作的方法前面已经说过，这里就不再详细讲述，有需要可以找到相关章节学习），效果如图 5-2-44 所示。

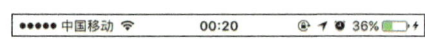

图 5-2-44　添加状态栏

2 整体调整。将画布缩小，观察所有的元素，对部分元素的样式和位置进行微调，让整体效果更美观，最终效果如图 5-2-45 所示。

必备知识

在移动端界面设计中，布局是一个至关重要的环节，它决定了应用或网页的可用性、可读性和用户体验。常见的移动端界面布局如下。

1）列表式布局：内容从上到下垂直排列，条目清晰，便于用户快速浏览和定位信息。常用于新闻、消息、菜单等场景，如图 5-2-46 所示。

2）陈列式布局：内容以网格形式展示，允许设计师根据内容重要性进行不规则分布。常用于电商商品展示、图片墙等场景，如图 5-2-47 所示。

图 5-2-45　最终效果图

3）九宫格式布局：界面被分为九个格子，每个格子可以放置图标、图片或文字，整齐划一，易于用户快速定位到想要的功能或内容。常用于应用启动页面、功能入口等场景，如图 5-2-48 所示。

图 5-2-46　列表式布局

图 5-2-47　陈列式布局

图 5-2-48　九宫格式布局

4）选项卡式布局：导航栏一直存在，用户可以通过单击不同的选项卡来切换内容。减少界面跳转的层级，清晰展示当前所在位置。常用于功能分类、设置等场景，如图 5-2-49 所示。

5）轮播图式布局：通过手势滑动，用户可以按顺序查看多个页面或内容。聚焦展示一个对象，内容整体性强。常用于广告、活动推广等场景，如图 5-2-50 所示。

6）伸展式布局：单击或滑动某个元素时，该元素会伸展或展开以显示更多内容。适用于分类多且需要同时展示内容的场景，如图 5-2-51 所示。

图 5-2-49　选项卡式布局

图 5-2-50　轮播图式布局

图 5-2-51　伸展式布局

7）抽屉式布局：隐藏主要功能或菜单，通过滑动或单击按钮来展开。节省屏幕空间，让用户首先聚焦于内容。常用于侧边栏、导航菜单等场景，如图 5-2-52 所示。

8）弹出框式布局：当用户触发某个操作时，会弹出一个对话框或窗口，显示额外信息或让用户进行确认操作。适用于需要用户立即关注并进行操作的场景，如图 5-2-53 所示。

9）横向拓展式布局：界面元素横向排列，通过滑动或单击箭头来查看更多内容。适用于内容较多但屏幕宽度有限的场景，如图 5-2-54 所示。

图 5-2-52 抽屉式布局

图 5-2-53 弹出框式布局

图 5-2-54 横向拓展式布局

10) 多面板式布局：同时展示多个面板或区域，每个面板包含不同的内容或功能。适用于需要同时展示多个分类或功能的场景。注意不要过于拥挤，以免给用户带来困扰，如图 5-2-55 所示。

任务拓展

设计制作一款运动品牌购物 APP 主界面，要求：界面友好、导航清晰、风格统一，布局采用宫格式布局，必须包含的元素有：导航栏、推荐栏、色彩使用蓝色作为主色调，配色和谐，能够体现年轻时尚、健康的信息。

图 5-2-55 多面板式布局

任务 3　音乐播放器 APP 界面设计

任务描述

E-design 设计公司近期承接"酷我回声——潮流生活音乐"的音乐类 APP 界面设计项目。"酷我回声——潮流生活音乐"是一款专注音乐娱乐新体验的音乐类 APP，此款 APP 最大的特点是"在这里可以发现新潮音乐，记录听歌轨迹，上传自拍视频，结识音乐好友，同时也是一款近千万年轻人一起玩音乐的地方"。需要设计的项目属于音乐娱乐类 APP，风格要求扁平化，内容大体分为音乐体验、视频上传、收藏专辑、社区与粉丝等几个模块。

确认甲方需求之后，正式进入 APP 界面设计的流程。通常，APP 界面设计要经过以下流程：包括需求解析→确定页面结构→制作线框图→制定设计规范→原型图设计→ Banner 设计标注切图。其中，需求解析要对甲方需求进行全面的分析，并确定 APP 需要制作的页面种类及互相之间的关系，完成 APP 页面结构的设计；线框图是指通过基本的线和框所绘制而成的产品设计图，具有完成速度快、方便设计团队交流的优点，在原型图制作前使用，可以使团队快速发现问题和改正；线框图制作完成后，要对APP的整个设计规范进行制定，包括界面布局规范、标准色规范、文本规范、空间规范等；根据线框图及设计规范，完成原型图设计，也就是APP最终的界面效果；原型图完成后，进行标注和切图，APP界面设计的基本工作就完成了，后续就交由前端工程师通过编程实现了。

经过需求解析，本项目最终的页面结构如图5-3-1所示，基于此页面结构，进入到任务环节。

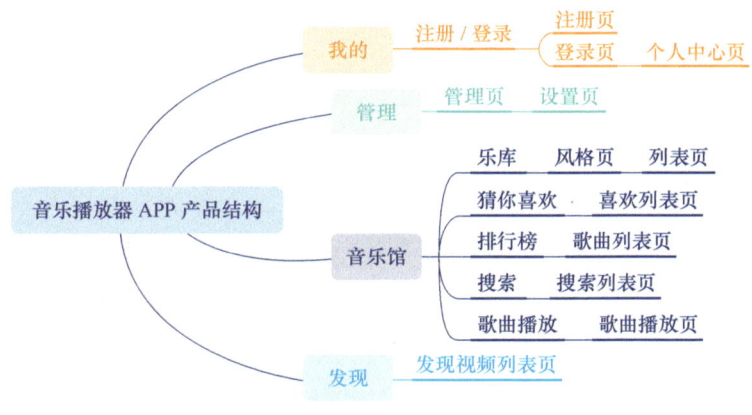

图5-3-1 音乐APP页面结构图

任务实施

1. 线框图制作

线框图是APP界面设计的低保真呈现方式，它的目标是：呈现APP界面的主要信息；能够展示出界面的结构和布局；正确创建的线框图将作为产品的整个框架，就像建设一幢大楼的结构图纸一样，将细节规定清楚，就可以照图搭建，如图5-3-2所示。

（1）文档页面命名

① 新建文档。启动Axure软件，执行"文件"→"新建"命令，结果如图5-3-3所示。

② 根据图5-3-1所示音乐APP页面结构图完成文件组命名。在图5-3-4所示红框内将母目录改为"音乐播放器APP首页"，并右击执行"添加"→"子页面"命令，为其添加新的页面。

③ 按照页面结构依次添加子页面，直至全部完成，如图5-3-5所示。

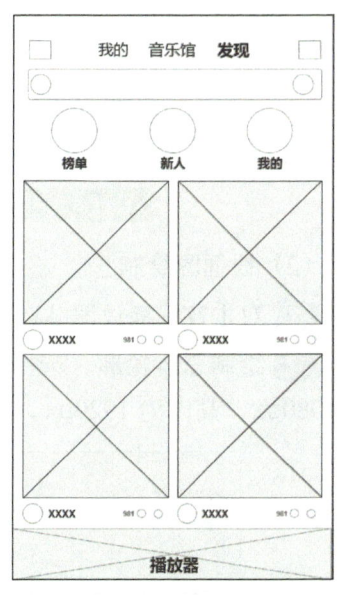

图5-3-2 线框图示例

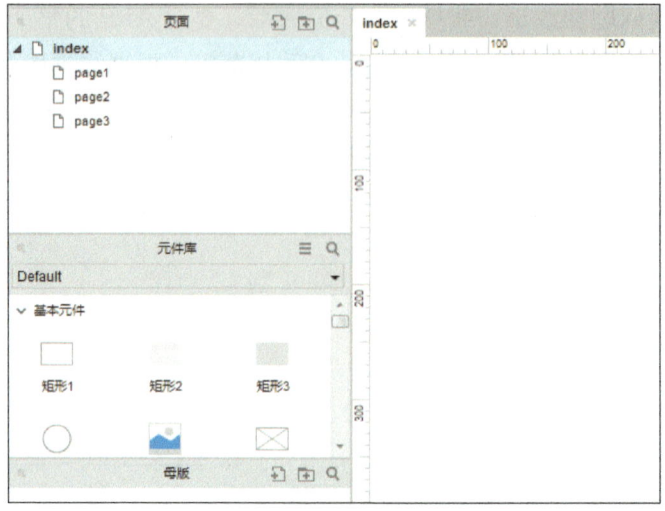

图 5-3-3 新建文档

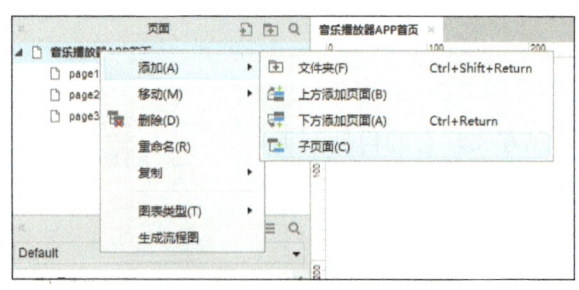

图 5-3-4 添加子页面

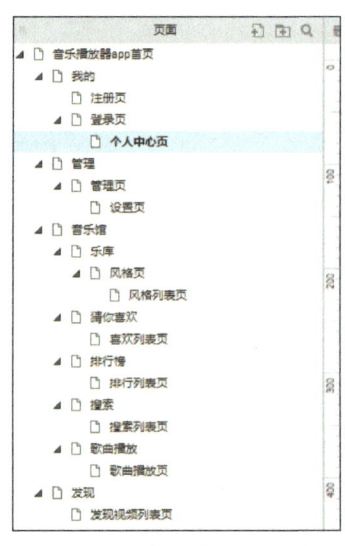

图 5-3-5 页面命名

（2）线框图绘制

❶ 双击音乐播放器 APP 首页，进入该页面。

❷ 绘制总体轮廓。选择"矩形 1"工具，拖拽至工作窗口左上角，在属性栏设置宽度为 1080px，高度为 1920px，如图 5-3-6 所示。

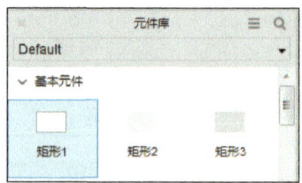
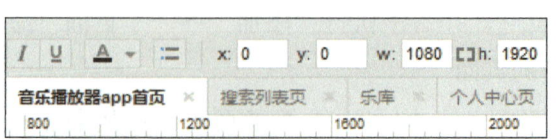

图 5-3-6 绘制总体轮廓

3 绘制标签栏。选择"矩形1"工具，拖拽至工作窗口，宽度为150px，高度为150px，复制一个图形，左右对称放置在合适位置，如图5-3-7所示。

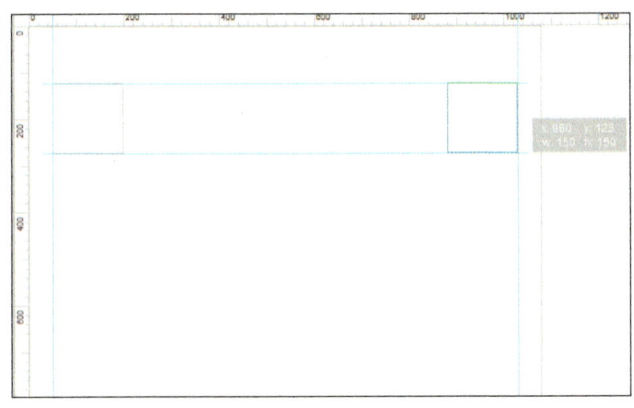

图5-3-7　绘制标签栏1

选择"一级标题"工具，拖拽进工作区，输入文本"我的""音乐馆""发现"，字号分别为48、52、48，从标尺处拖拽处辅助线，音乐馆放置在正中，字体间距为140px，如图5-3-8所示。

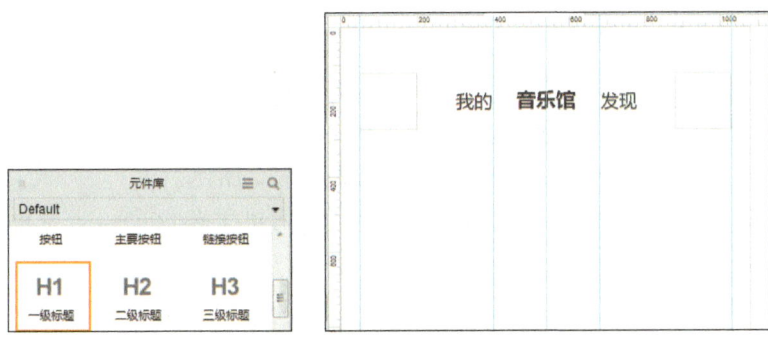

图5-3-8　绘制标签栏2

4 绘制搜索框。选择"矩形1"工具，拖拽进工作区，设置宽度为980px，高度为80px，选择"椭圆形"工具，拖拽进工作区，设置宽度为50px，高度为50px，如图5-3-9所示。

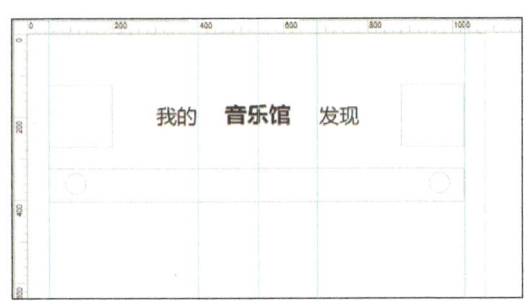

图5-3-9　绘制搜索框

5 绘制Banner。选择"占位符"工具，拖拽进工作区，宽度设置为1080px，高度设置为400px。拖拽"一级标题"进工作区，输入文本"Banner"进行标注，如图5-3-10所示。

6 绘制导航栏。选择"椭圆形"工具，拖拽进工作区，设置宽度为150px，高度为150px，选择"一级标题"工具，拖拽进工作区，输入文本"乐库"，字号为36。依次完成另外两个图标的绘制，居中图标，与其他两个图标的间距为240px，如图5-3-11所示。

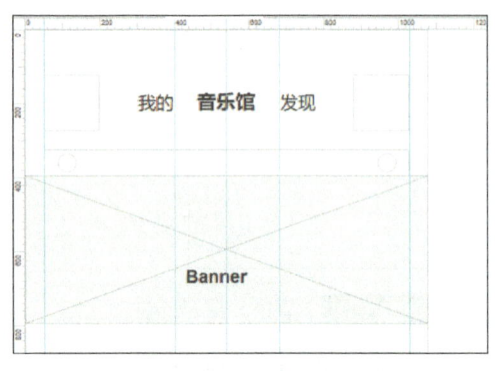

图5-3-10　绘制Banner　　　　　图5-3-11　绘制导航栏

7 绘制歌曲列表。选择"一级标题"工具，拖拽进工作区，输入文本"新歌""歌单""视频"，字号分别为36、32、36，"歌单""视频"选择淡灰色。

选择"椭圆形"工具，拖拽进工作区，设置宽度为50px，高度为50px，选择"矩形3"工具，拖拽进工作区，设置宽度为130px，高度为130px。

选择"一级标题"工具，拖拽进工作区，输入"×××××"进行占位，两个文本字号分别为36、32。依次完成四组，最终效果如图5-3-12所示。

8 绘制迷你播放器。选择"占位符"工具，拖拽进工作区，设置宽度为1080px，高度为132px，并标识为播放器，最终效果如图5-3-13所示。

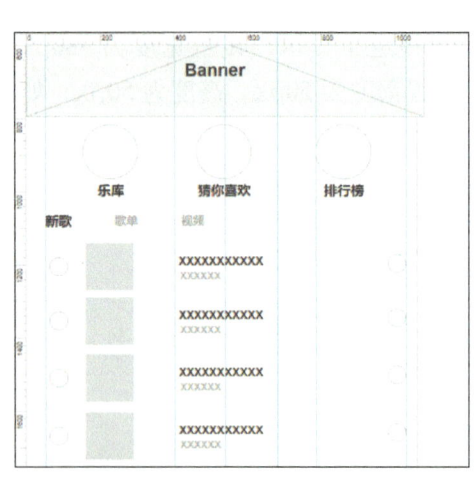
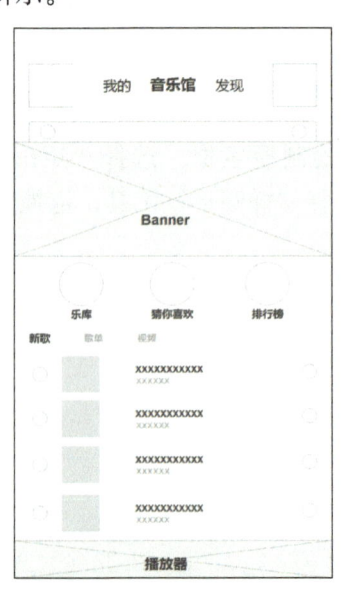

图5-3-12　绘制歌曲列表　　　　　图5-3-13　最终效果图

2．设计规范的制定

在完成线框图制作之后，要进一步确定设计规范，以便于后续原型图的制作能够达到标准化、统一化的效果。在 UI 设计中通常要考虑如图 5-3-14 所示规范要求。

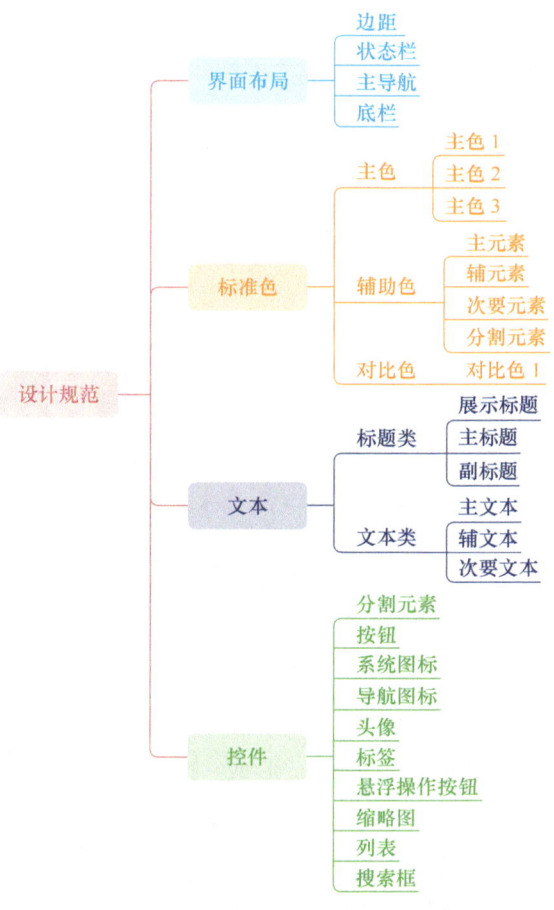

图 5-3-14　项目设计规范示意图

（1）确定页面布局规范

① 新建文档。启动 Photoshop 软件，打开新建对话框，设置宽度为 1080px，高度 1920px，其他参数保持默认，如图 5-3-15 所示。

② 确定状态栏尺寸。根据 UI 设计 iPhone 界面尺寸常见规范，状态栏尺寸设定高度为 54px。选择矩形选框工具，调整样式为"固定大小"，宽度为 1080px，高度为 54px，如图 5-3-16 所示。

新建图层，单击空白页面左上角形成矩形选

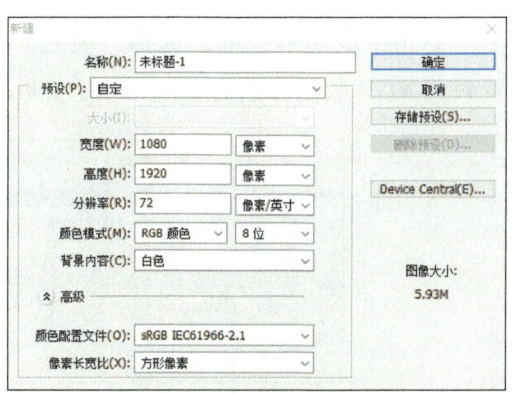

图 5-3-15　新建文档

框，选择"填充"工具，设置颜色 RGB 数值分别为 102、102、102，如图 5-3-17 所示。

图 5-3-16 确定状态栏尺寸

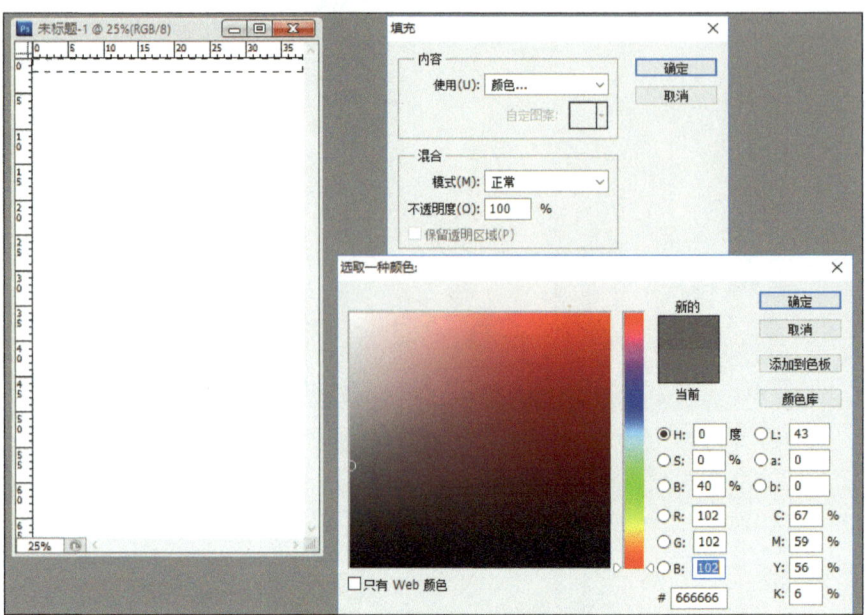

图 5-3-17 状态栏填色

将已制作好的状态栏素材拖入页面中，形成状态栏，如图 5-3-18 所示。

3 确定标签栏尺寸。根据 UI 设计 iPhone 界面尺寸常见规范，标签栏尺寸设定高度为 146px。选择矩形选框工具，调整样式为"固定大小"，宽度为 1080px，高度为 146px，在页面左下角单击形成矩形选框，选择"填充"工具，设置颜色 RGB 数值分别为 200、200、200，如图 5-3-19 所示。

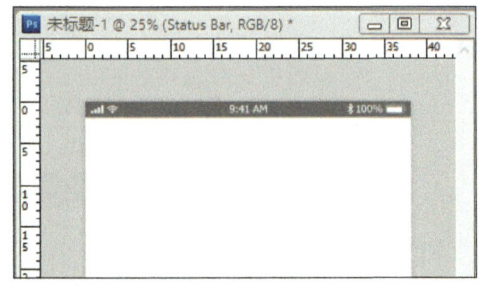

图 5-3-18 添加素材

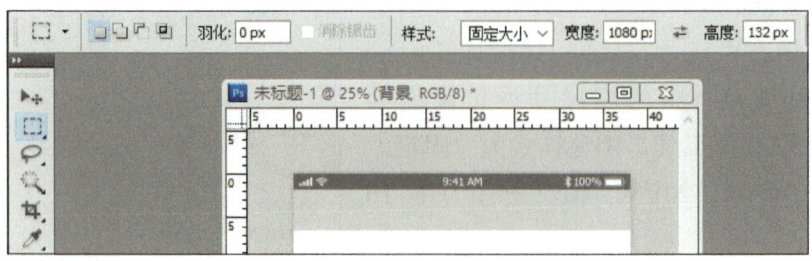

图 5-3-19 确定标签栏尺寸

4 确定主导航尺寸。根据 UI 设计 iPhone 界面尺寸常见规范，主导航尺寸设定高度为 132px。选择矩形选框工具，调整样式为"固定大小"，宽度为 1080px，高度为 132px，单击状态栏下方左上角形成矩形选框，选择"填充"工具，设置颜色 RGB 数值分别为 200、200、200，如图 5-3-20 所示。

5 确定边距尺寸。本项目中边距尺寸设定为 30px。选择矩形选框工具，调整样式为"固定大小"，宽度为 30px，高度为 500px，在页面左边单击形成矩形选框，移动至最左边缘，设置标尺线对齐，移动选取至最右边缘，设置标尺线对齐，最终形成页面布局样式，如图 5-3-21 所示。

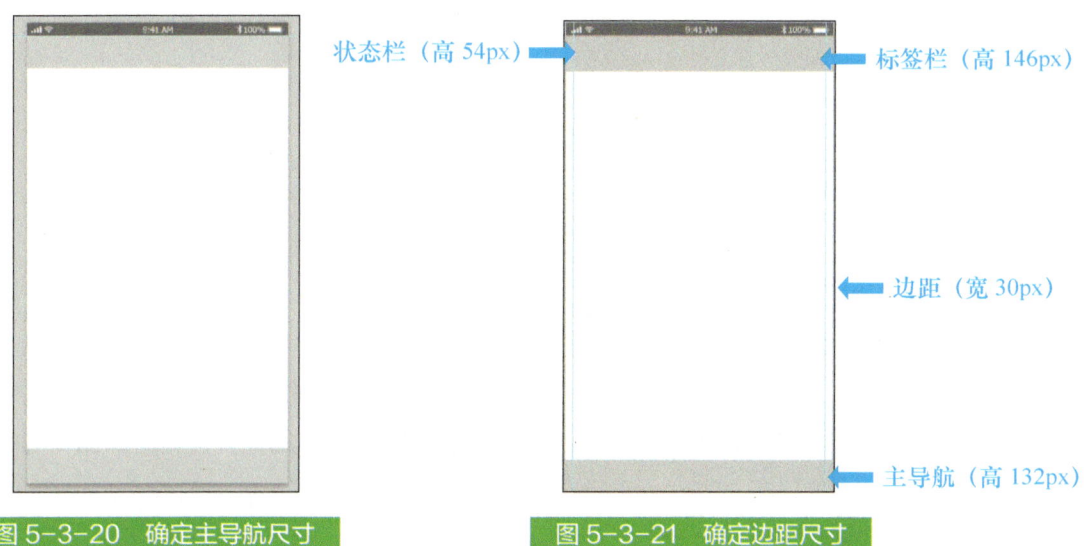

图 5-3-20 确定主导航尺寸　　图 5-3-21 确定边距尺寸

（2）确定标准色规范

1 分析项目色彩需求。UI 设计色彩搭配方案一般是由主色、辅助色和点缀色（对比色）构成。本项目通过前期与甲方的沟通，确定色彩主题具有清新、自然、亲和力强等特点，也确定了主色方向。

2 完成色彩搭配方案。根据前期沟通，初步确定标准色规范，如图 5-3-22 所示。

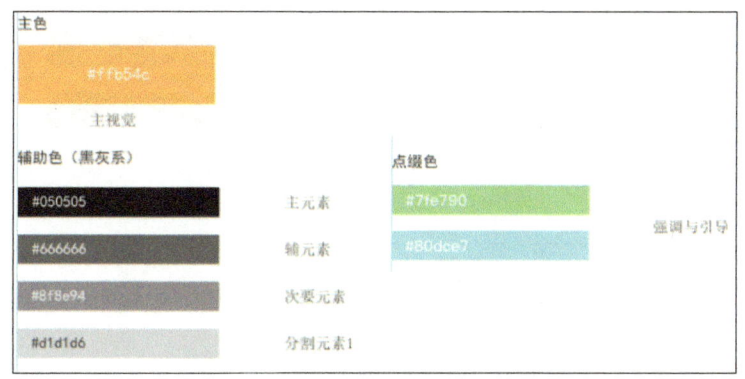

图 5-3-22 色彩搭配方案

（3）确定文本规范

❶ 分析项目文本要求。本项目为音乐类 APP，主要文本包括导航栏标题、歌曲列表文本等。

❷ 完成文本标准方案。根据前期沟通，文本选择 iOS 系统使用的苹方字体，并初步确定文本规范，如图 5-3-23 所示。

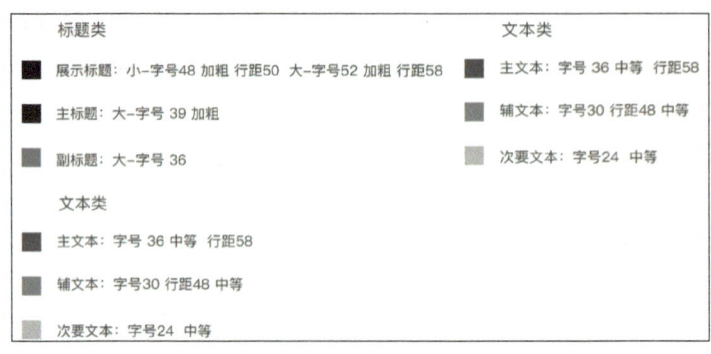

图 5-3-23　文本标准方案

（4）确定控件规范

❶ 分析项目控件需求。APP 常见控件包括分割元素、按钮、系统图标、导航图标、头像、标签、悬浮操作按钮、缩略图、列表、搜索框等，根据本任务实际，考虑制作部分控件。

❷ 完成控件标准方案。根据线框图设计的实际所需，初步确定控件规范，如图 5-3-24 所示。

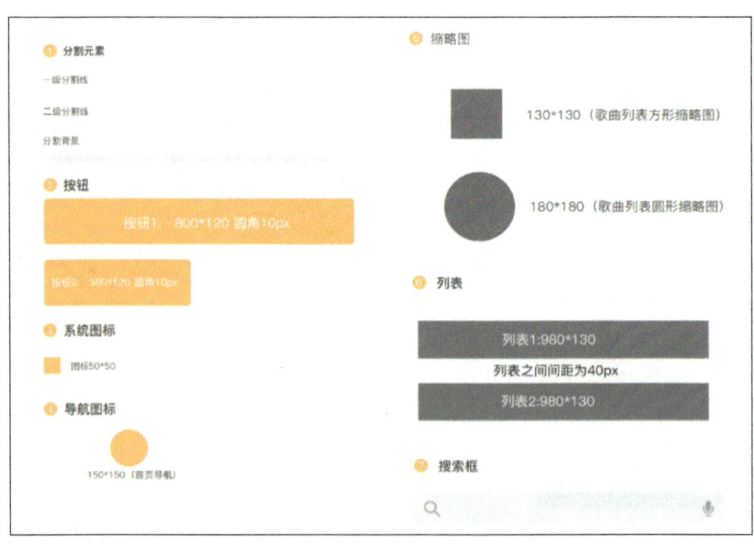

图 5-3-24　控件规范

3．原型图设计

确定了线框图和设计规范后，就可以进入原型图设计阶段了，在本书之前的任务中，已经对原型图制作的很多方法进行了讲解，本任务之前，已制作好了图标素材备用（方法可参考前文），本任务重点在于掌握如何结合线框图和设计规范进行原型图制作。经过小组讨论，"梦梦"给小组成员都进行了任务分配，要求成员严格按照线框图和设计规范制作原型图。本任务进行播放器主页面的原型图设计制作，播放器主页面的线框图如图5-3-25所示。

（1）新建页面

1 按照前期的页面布局规范新建页面。启动 Photoshop 软件，分别确定状态栏、标签栏、主导航、边距等大小，如图5-3-26所示。

2 从素材库中选择图标，放置在标签栏，如图5-3-27所示。

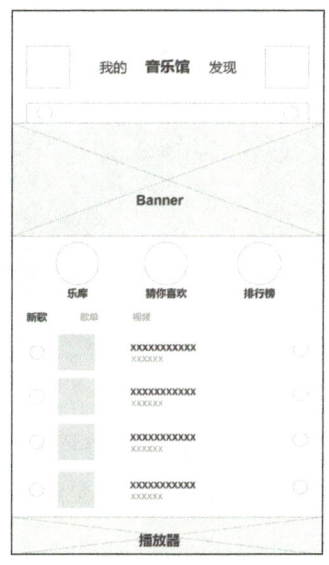

图 5-3-25　播放器主页面的线框图　　图 5-3-26　新建页面　　图 5-3-27　标签栏展示

3 选中两个图标和标签栏图层，选择移动工具，单击"垂直居中对齐"，如图5-3-28所示。

4 选择文字工具，输入"音乐馆"，按照文本规范为展示标题，字体选择"苹方字体（粗体）"，字号为52号，色彩为#050505。选中音乐馆图层和标签栏图层，选择移动工具，单击"垂直居中对齐"和"水平居中对齐"，如图5-3-29所示。

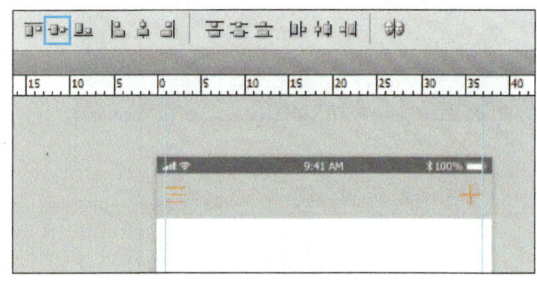
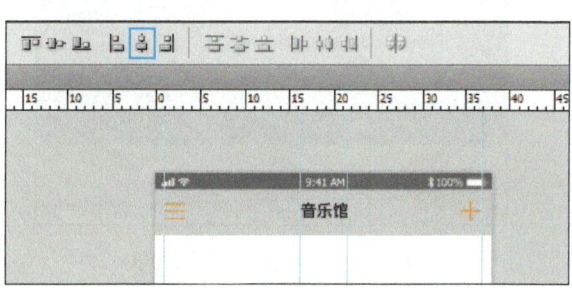

图 5-3-28　图标对齐　　　　　　图 5-3-29　文本制作 1

5 选择文字工具，输入"我的"，字体选择"苹方字体（粗体）"，字号为 48 号，色彩为 #050505。将"我的"与"音乐馆"对齐，如图 5-3-30 所示。

按 <Shift+ ←> 组合键 5 次，向左移动 50 像素，同样输入"发现"并进行参数设置，效果如图 5-3-37 所示。（备注：按 <Shift+ ←> 组合键 1 次，移动 10 像素。）

图 5-3-30 文本制作 2　　　　图 5-3-31 文本制作 3

（2）确定搜索框和顶部 Banner

1 从素材库中选择图标，居中放置在标签栏下方。

2 从素材库中选择顶部 Banner，居中放置在搜索框下方，效果如图 5-3-32 所示。

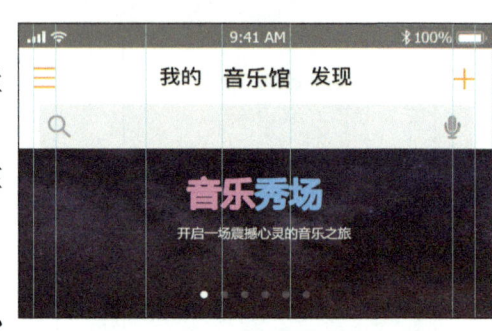

（3）确定导航图标

1 按照控件规范，已制作好导航图标，大小为 150px×150px，按照色彩规范，三个图标的色彩分别是 #ffb54c、#7fe790、#80dce7，从素材库中导入图标。

图 5-3-32 Banner 制作

2 确定边距尺寸。图标边距尺寸设定为 100px。选择矩形选框工具，调整样式为"固定大小"，宽度为 100px，高度为 500px，在页面左边单击形成矩形选框，移动至最左边缘，设置标尺线对齐，移动选取至最右边缘，设置标尺线对齐。

3 将图标放置在顶部 Banner 下方，左右两侧图标与标尺线对齐，如图 5-3-33 所示。

4 选中三个图标的图层，选择移动工具，单击属性栏的"水平居中分布"，再按 <Shift+ ↓> 组合键 5 次，向下移动 50 像素，效果如图 5-3-34 所示。

图 5-3-33 图标制作　　　　图 5-3-34 图标定位

5 选择文本工具，分别输入"乐库""猜你喜欢""排行榜"，按照文本规范为主标题，字体选择"苹方字体（粗体）"，大小为39号，色彩为#050505。文字在导航图标正下方，距离图标20像素，按<Shift+↓>组合键完成操作，效果如图5-3-35所示。

（4）制作歌曲列表

❶ 选择文本工具，输入"新歌"，按照文本规范为主标题，字体选择"苹方字体（粗体）"，大小为39号，色彩为#050505。拼写"歌单""视频"，按照文本规范为副标题，字体选择"苹方字体（简体）"，大小为36号，色彩为#666666。

图5-3-35 图标文本制作

❷ 选中"新歌""歌单""视频"三个图层后，选择移动工具，单击"垂直居中对齐"，"新歌"左侧边距为60px，三者向下距离导航图标为50px，三者之间的距离为100px。

❸ 在"新歌"正下方添加下划线。选择圆角矩形工具，设置宽度为60px，高度为5px，半径为10px，向下距离字体10px，全部完成后如图5-3-36所示。

❹ 选择文本工具，输入"1"，按照文本规范为主文本，字体选择"苹方字体（简体）"，大小为36号，色彩为#050505，"1"与"新歌"在垂直方向上对齐。按照控件规范，歌曲列表方形缩略图大小为130px×130px，从素材库中选择图片，调整为对应大小。将缩略图与"1"在水平位置对齐，缩略图向下距离列表导航40px，如图5-3-37所示。

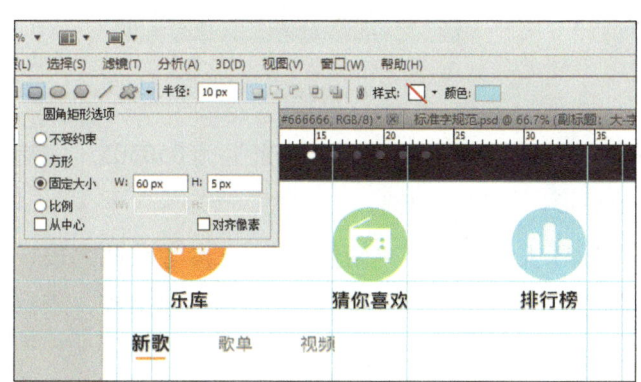

图5-3-36 列表标题制作

图5-3-37 列表缩略图制作

❺ 选择文本工具，输入"我和我的祖国"，按照文本规范为主文本，字体选择"苹方字体（简体）"，大小为36号，色彩为#050505，输入"李谷一、蒋大为"，按照文本规范为辅文本，字体选择"苹方字体（简体）"，大小为30号，色彩为#666666。文本行距设置为58点，将文本与缩略图水平对齐，距离缩略图60px，如图5-3-38所示。

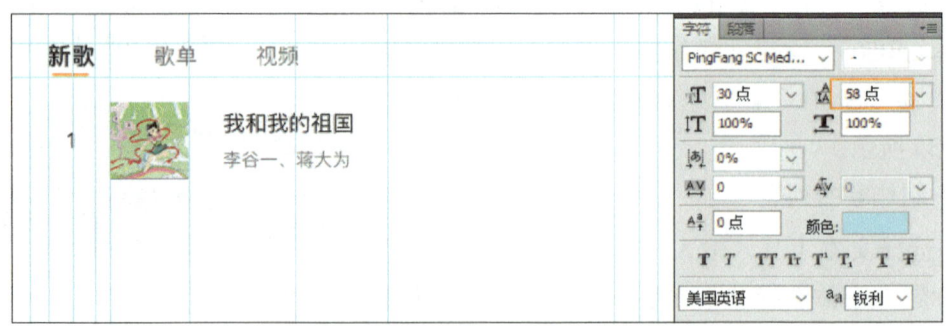

图 5-3-38 列表文本制作

6 从素材库中选择素材图标,图标大小设置为 50px×50px,右侧边距为 60px,与缩略图水平对齐。从素材库中选择分割线,分割线距离缩略图 20px,如图 5-3-39 所示。

7 重复以上步骤,每个歌曲信息之间间距为 40px,最终效果如图 5-3-40 所示。

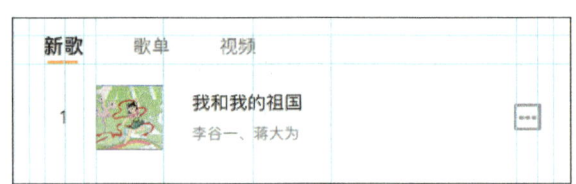

图 5-3-39 列表图标制作

图 5-3-40 列表最终效果

(5)制作迷你播放器

1 选择矩形工具,设置宽度为 1080px,高度为 132px,色彩填充为 #050505。在矩形上方再次绘制宽为 600px,高度为 5px 的矩形,作为时间轴。

2 从素材库中选择暂停和播放方式图标导入,分别距离两侧 60px。参考歌曲列表,放入歌曲缩略图和歌曲信息。选择暂停和播放方式图标、歌曲缩略图、歌曲信息文本,进行水平对齐,最终效果如图 5-3-41 所示。

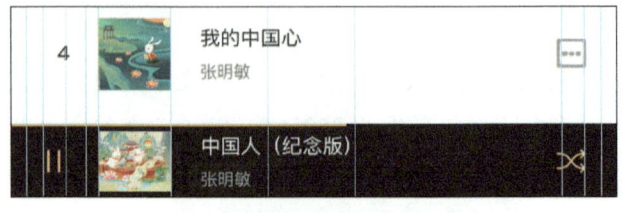

图 5-3-41 迷你播放器效果

最后，删除标签栏的灰色底图，至此，播放器主页面原型图制作完毕，最终效果如图 5-3-42 所示。

4. 标注切图

在完成了原型图的制作后，需要将设计的效果图交付给前端工程师进行编程实现。前端工程师在实施过程中，需要准确知道各个页面中元素的像素大小、字体字号、元素与元素间、元素与字体间的间距等信息，所以，要对页面元素进行数据上完整的标注。标注完成后，要将设计的各个图标、Banner 等设计稿进行切图，由前端工程师按照标准尺寸嵌入整个页面设计中，才能最终实现页面。

（1）新建编辑页面

① 启动 PxCook 软件，如图 5-3-43 所示。

② 将播放器主页面的原型图 .psd 源文件拖入 Pxcook 软件，弹出对话框，项目名称填写"播放器主页面标注"，选择"iOS"项目，选择"创建本地项目"，如图 5-3-44 所示。

图 5-3-42　播放器主页面原型图

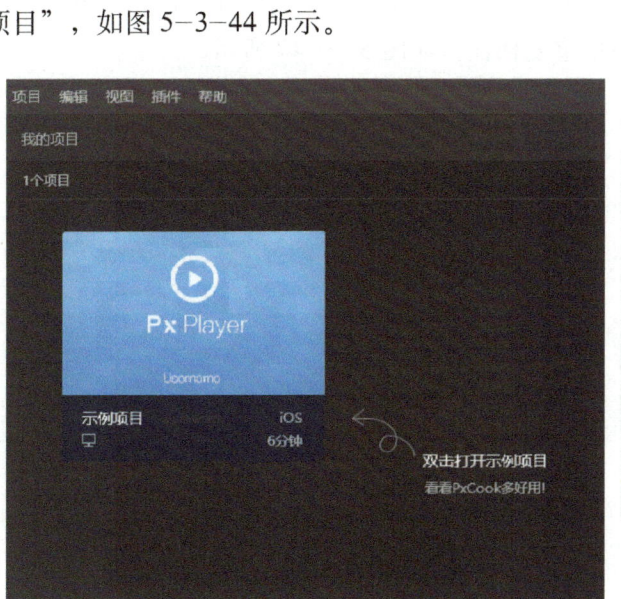

图 5-3-43　启动 PxCook 软件

图 5-3-44　打开源文件

③ 进入视图后，更改属性栏中"自动（RGBA||Hex）"选项，更改为"Hex（ARGB）"，标注中将显示对应的色彩标号，标注字号选择 30，选择"px"选项，标注将以像素大小计算，如图 5-3-45 所示。

图 5-3-45　更改参数设置

（2）元素标注

❶ 双击源文件，进入标注页面。左侧为标注的专用工具，.psd 文件可被该软件智能识别，所以推荐使用 .psd 文件进行标注。当左侧最上方职能标注工具图标变为"高亮蓝色"时，表示可以使用其下方暗色显示的智能标注工具，如图 5-3-46 所示。

❷ 标注控件元素。选择乐库上方图标元素，再单击左侧"生成尺寸标注"，该元素大小将被直接标注出来。同样的页面元素不用重复标注，如图 5-3-47 所示。

图 5-3-46　进入标注页面　　　　图 5-3-47　标注控件元素

利用同样的方法，对页面中的元素进行标注，最终效果如图 5-3-48 所示。

❸ 标注文本元素。选择"我的"文本，再单击左侧"生成文本样式标注"，该文本的字体、字号、色彩将被直接标注出来。同样的文本元素不用重复标注。拖拽标注导线的端点，到方便观察的位置，如图 5-3-49 所示。

学习单元 5　应用界面设计

图 5-3-48　标注控件元素最终效果

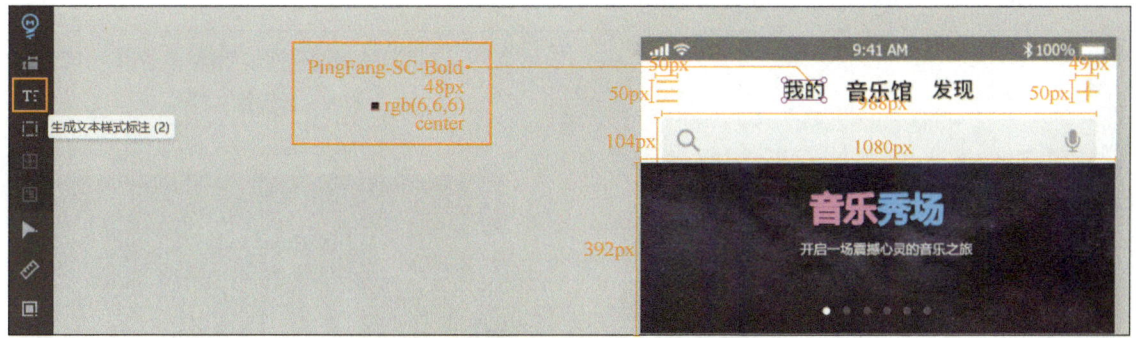

图 5-3-49　标注文本元素

利用同样的方法，对页面中的文本元素进行标注，最终效果如图 5-3-50 所示。

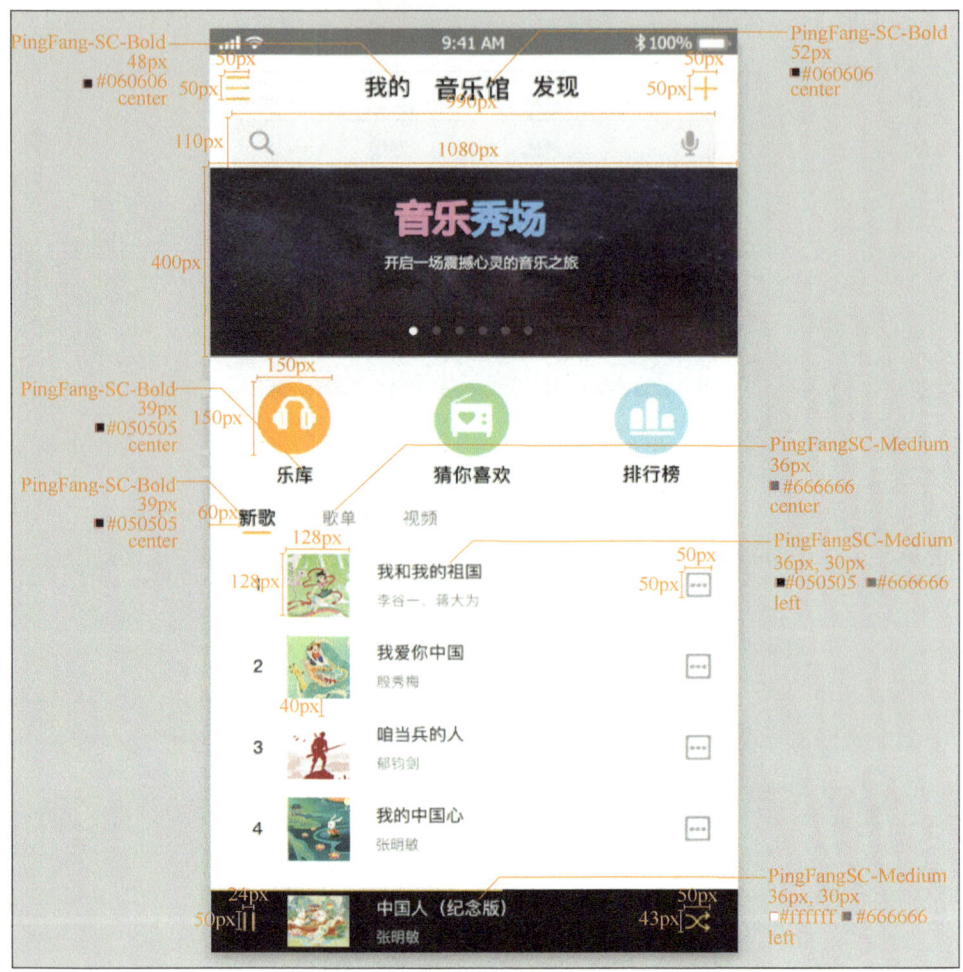

图 5-3-50 标注文本元素最终效果

4 标注元素之间的距离。选择"距离标注"工具，单击顶部 Banner 下端，拖拽至导航图标的最上端，间距标注完成，如图 5-3-51 所示。

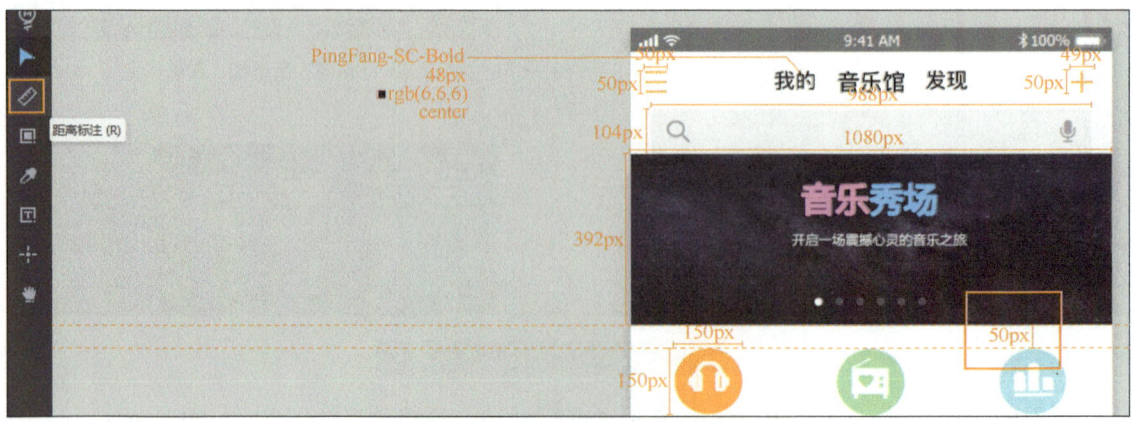

图 5-3-51 标注元素之间的距离

利用同样的方法，对页面中的元素的间距进行标注，最终效果如图 5-3-52 所示。

图 5-3-52 标注元素之间的距离最终效果

(3) 元素切图

1 在 Photoshop 软件中打开 .psd 格式源文件，选择切片工具，进行切片操作。

2 选中切片工具，如图 5-3-53 所示，拖拽进行切片操作，再适当调整至合适位置，如图 5-3-54 所示。

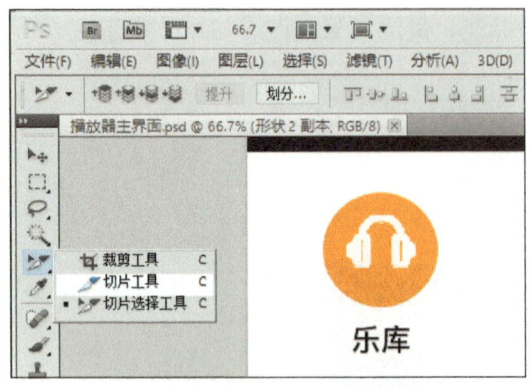

图 5-3-53 选择切片工具

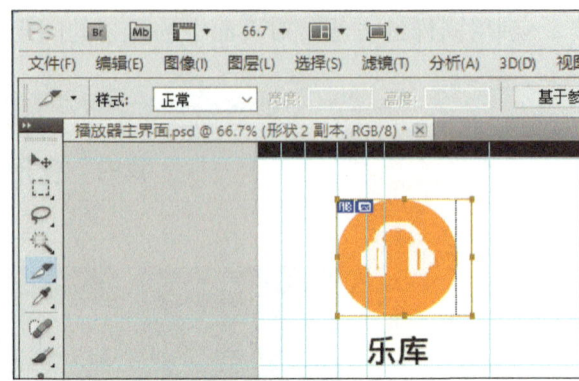

图 5-3-54 使用切片工具切片

3 利用同样的方法，将需要切片的元素进行切片操作，如图 5-3-55 所示。

图 5-3-55 切片过程

4 按 <Ctrl+Alt+Shift+S> 组合键，弹出保存界面，如图 5-3-56 所示。

5 设置保存格式为 .jpg，单击存储，文件名设置为"main interface"，切片设置为"所有用户切片"，单击保存，如图 5-3-57 所示。

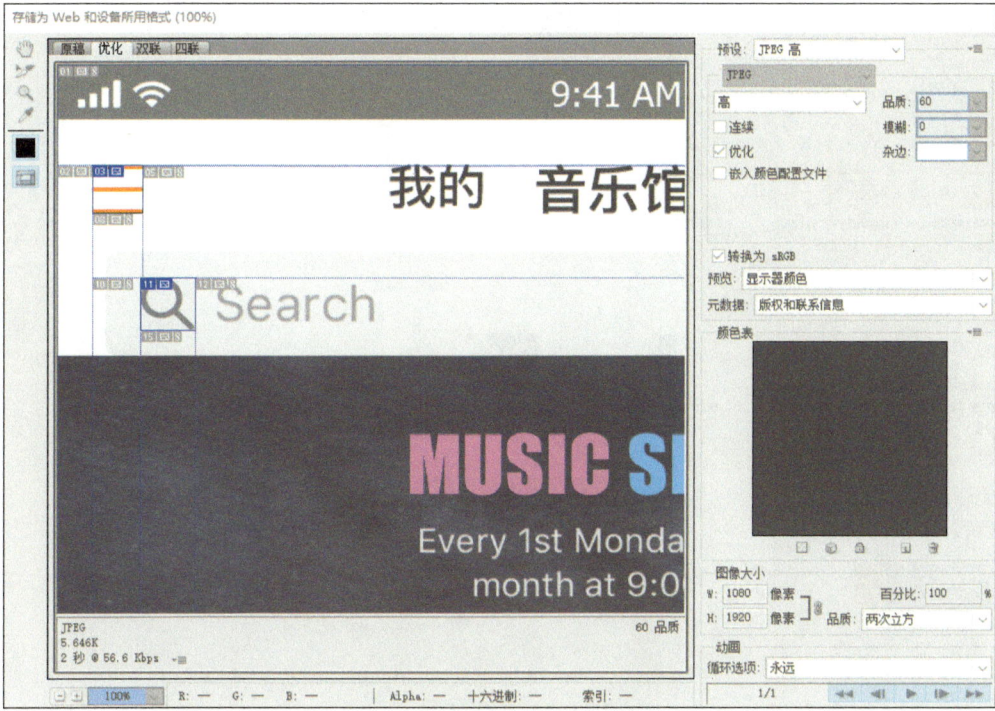

图 5-3-56 保存界面

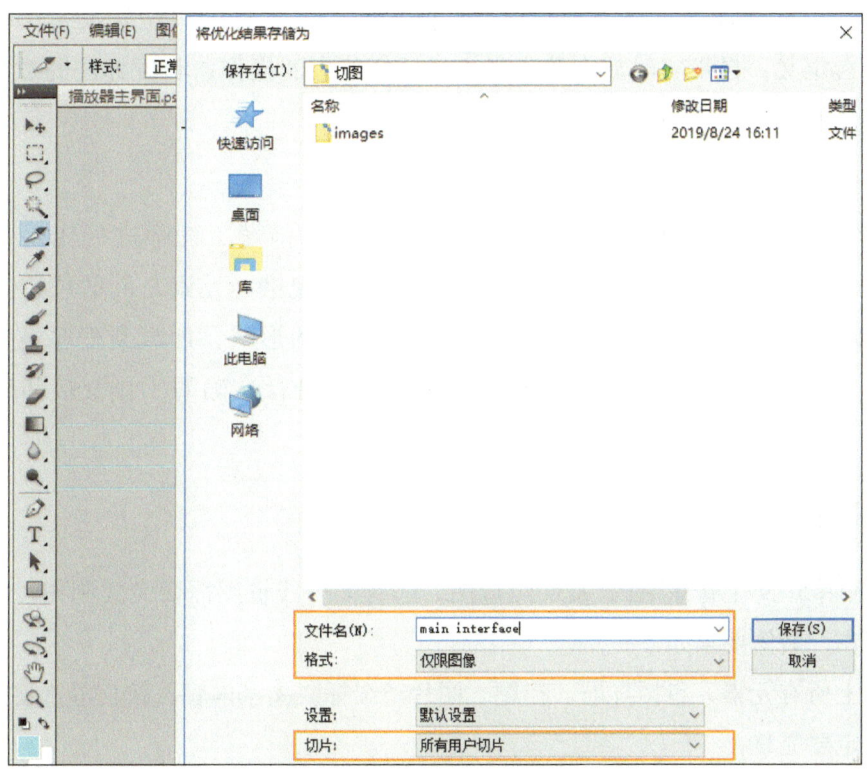

图 5-3-57 保存界面设置

6 最终切片保存的结果，生成图标展示，如图5-3-58所示。

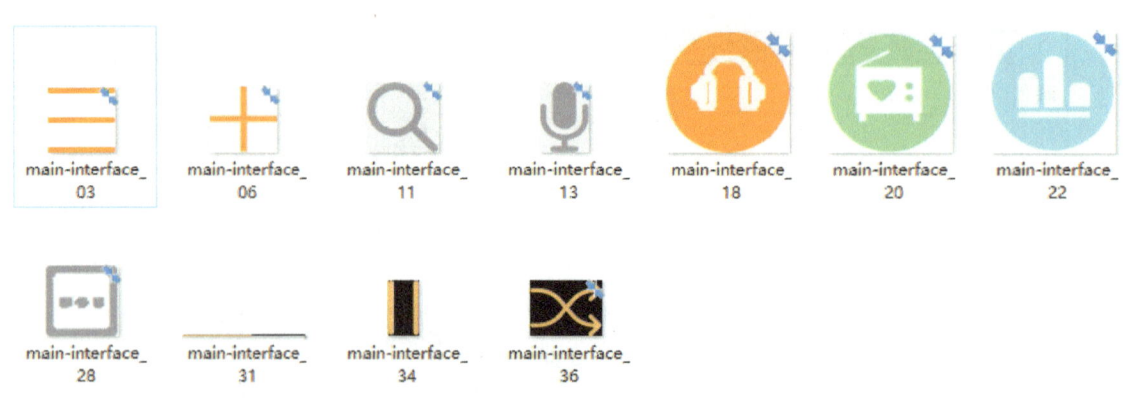

图5-3-58 生成图标展示

必备知识

1．PxCook软件介绍

PxCook（像素大厨）是一款切图设计工具软件。自2.0.0版本开始，支持PSD文件的文字、颜色、距离自动智能识别。其标注功能包括：支持长度、颜色、区域、文字注释。其特点包括：长度标注针对移动端设计，支持px与dp直接的单位转换；注释的文字字体样式可以自定义；自带实时放大镜，省去了反复放大的操作；长度标注的数字可以自己手动改；标注的各种颜色可以自定义。

2．为什么要进行标注切图

UI设计师完成APP界面设计之后，要交给APP前端工程师进行代码开发。工程师必须清楚地了解界面中的图标，字体元素的大小、规格，元素之间的位置关系等，才能通过代码准确还原。界面中的元素也要以图片素材的形式，加载到程序当中，进行再现。所以，标注切图是为了UI设计师和前端工程师进行准确的工作交接和交流而必需的步骤。

任务拓展

1）根据图5-3-1音乐APP页面结构图，还有多个线框图需要完成制作。请根据素材文件对照制作，具体要求如下。

①页面上所有元素，包括导航、标题、图片、图标、文字内容、按钮等都要用线框图体现，内容一定要完整；

②注意尽可能多地爆发想法，充分发挥线框图快速表达的特点，对比修改后再确定最

终方案。

2）根据已完成的线框图，还有多个原型图需要完成制作。请根据素材文件对照制作，具体要求如下。

①所有图标、字体元素的设计均要符合设计规范；

②所有图标、字体元素的定位要准确，元素之间的距离要准确。

3）根据已完成的原型图，还有多个原型图需要完成标注切图。请根据素材文件对照制作，具体要求如下。

①所有图标、字体元素都需要标注；

②注意标注元素之间的距离；

③所有图标元素都要进行切图。

 实战强化

公司近期为参加华为下一届的全球手机主题设计大赛做准备和安排。华为EMUI全球主题设计大赛，是华为为了丰富自身主题资源而举办的手机主题类设计大赛，这是一场面向全球设计师的视觉盛宴，汇聚全球的设计灵感，以生活为源，创艺术与科技之美，大赛吸引了170多个国家和地区的设计师参加，设计的作品将会运用到全球2.3亿华为主题用户手机上。

一、设计说明

1）大赛的设计理念：以"美学未来式"为题进行主题创作，作品类型、表现形式不限，参赛者可自由发挥。

2）设计模板：参赛者需下载比赛模板，并按照比赛模板大小及要求进行设计创作。

3）设计文件：大赛对参赛者提供作品的设计软件不作限制，保持分层源文件以便后续开发使用。

4）设计需求：作品需要保证完整性且符合国家相关法律规范的要求，完全原创，无侵权行为。

二、设计内容

1）概念页。

2）设计图。

3）动效视频。

提供锁屏动态展示、插画、三维、平面可自行选择提交，尺寸：6000px×3000px，格式：MP4/gif，大小：不超过20MB。

单元小结

　　应用界面设计（UI 设计）在软件开发中占据核心地位，直接关联用户体验（UX）。其设计原则强调用户友好性、一致性、简洁性、可访问性和美观性。设计过程涵盖需求分析、原型设计、界面设计、交互设计及用户测试等步骤。面对适配不同设备、处理大量信息、提高加载速度和处理用户反馈等挑战，需采用响应式设计、信息组织、性能优化和积极反馈处理等策略。最佳实践则包括遵循设计规范、关注细节、使用合适色彩和字体、保持设计灵活性以及持续学习和创新，以确保设计的质量、竞争力和创新性。

参 考 文 献

[1] 李晓斌. App+软件+游戏+网站界面设计教程[M]. 北京：电子工业出版社，2020.
[2] 创锐设计. Photoshop CC 移动 UI 设计实战一本通[M]. 北京：机械工业出版社，2019.
[3] 王璐. UI 界面设计[M]. 重庆：西南大学出版社，2022.
[4] 陈晓历. 新印象——中文版 Sketch 图标与 UI 界面设计实例教程[M]. 北京：人民邮电出版社，2020.